零廢棄

Zero

Waste

美妝保養&清潔用品

DIY全圖解

Green Message

The greatest threat to our
planet is the belief that
someone else will save it.

我們星球面臨的最大威脅，
是相信有別人會來拯救它。

－作家羅伯特・斯萬

Buy less, choose well.

買少一點，選好一點。

－時尚設計師薇薇安・魏斯伍德

We shall require a substantially
new manner of thinking
if mankind is to survive.

人類如果要活下去，就需要一個非
常嶄新的思考模式。

－阿爾伯特・愛因斯坦

As consumers, we have
so much power to change the world
by just being careful
in what we buy.

作為消費者，我們擁有很大的力量，
只要在購買時小心謹慎，就能改變世界。

－演員艾瑪・華森

There is no such thing as 'away'.
When we throw anything away
it must go somewhere.

並沒有所謂的「消失」。我們丟掉某個物品後，
它一定是到了某個地方。

－環保運動家安妮・倫納德

Be gentle with the earth

善待地球。

－達賴喇嘛

We do not inherit the Earth from
our ancestors. we borrow it from
our children.

我們不是從祖先那裡繼承地球，
而是向我們的孩子借用。

－美國原住民俗諺

Small acts, when multiplied
by millions of people,
can transform the world

即使是微小的行動，若數百萬人一起做，
也能改變世界。

－作家霍華德‧津恩

Waste isn't waste, until
we waste it.

廢棄物在被廢棄之前
都不是廢棄物。

－歌手威廉

No one is too small
to make a difference.

在造成改變方面，
沒有一個人的力量是微小的。

－環保運動家格蕾塔‧童貝里

Earth provides enough to satisfy
every man's needs,
but not every man's greed.

地球足以滿足所有人的需要，
但無法填滿所有人的慾望。

－甘地

Contents

Chapter **1**
零廢棄美妝保養品DIY

Chapter 2
零廢棄手工皂DIY

Chapter 3
零廢棄清潔用品DIY

自序
為了讓地球永續、
活出健康生活而做出的行動

我對健康生活非常感興趣，所以在好奇心驅動之下開始學習芳香療法，沒想到我的生活因此變得不同，我努力找出方法減少生活中使用的化學成分，後來開始自製手工皂、保養品等，並且持續學習，就這樣走上了教學之路。

我大約是在八年前從關心我與家人的健康，延伸到關心地球，起緣是我喜歡的油品竟是萃取自絕種植物和保育類品種，因此實際感受到地球正在承受痛苦；雖然我說自己使用對環境友善的肥皂，但製造過程中產生的垃圾，總是在我的心中默默地留下一絲絲的遺憾。

我並不是從一開始就誇下海口說要實踐「零廢棄」，而是從居家用品開始逐漸減少塑膠產品，不再購買濕紙巾，浴室的洗髮精和沐浴乳、廚房的洗碗精之類的清潔用品都替換成手工皂，原本佔據空間的塑膠製品逐漸消失，令我覺得非常痛快；女性用品、化妝棉等都替換成可反覆清洗後使用的，甚至連洗衣劑也自己製作，結果家裡製造的垃圾少得非常驚人。工作室擦燒杯的衛生紙改為抹布，也在製作過程中努力減少不必要的垃圾。一個一個慢慢替換掉之後，不自覺在許多方面自然地實踐零廢棄生活。

四年前我跟幾個擁有同樣理念的人一起開設零廢棄教室互相交流，看到越來越多人參加，讓我確實感受到大家對環境的關注提升。老實說，在這個時代市售產品多得不可勝數，堅持自製美妝保養及清潔用品真的需要付出很多努力，不僅要花時間學習，製造完成後也要確認是否有效、跟市售產品哪裡不同，有時候可能會懷疑是不是乾脆買外面的來用更快。

我也向來上課的學生討論過這樣的困擾，並且試圖找出對地球更好的方法，但不能為了找出完美的方法而一再延後，因為地球所剩的時間並不多。就算我已經四十歲了，我覺得現在還是需要一起努力做我們現在能做的事，絞盡腦汁思考更好的方向。

　　就算不完美也無妨，就算必須買市售商品，只要它的成分能讓地球永續，而且是健康的，就是零廢棄的第一步。我距離完美的環保運動家還有很大的距離，但我希望r儘量能降低對大自然的傷害，並持續努力實踐著。

　　我希望零廢棄運動不只是一股突然流行起來後退燒的活動，而是成為我們健康生活的習慣。我期待看到我的生活風格透過無害的成分、乾淨的產品逐漸改變。

利潤

5Rs *of* Zero Waste
為了達到「零廢棄」的5個行動

生活中的零廢棄，可以透過減少包裝或是用可回收的材料製作，藉此達到減少垃圾的目的。環境問題是全球的議題，大家都正持續積極分享如何減少生活中的垃圾。

讓垃圾歸零是近乎理想的目標，若要真正實踐這點，就會產生壓力，不過每個人只要將垃圾從100%逐漸減少到90%以下，就已經有很大的意義了。

如果你想要度過環保的生活卻還在猶豫，那麼可以從小地方開始做起，只要先記下零廢棄運動家——貝亞・強森（Bea Johnson）的5R原則，就能運用在日常生活中。

REFUSE ## 拒絕不需要的東西

○ 結帳後改用電子發票。
○ 拒絕刷卡明細、管理費等不必要的印刷品。
○ 不使用一次性的碗筷、湯匙、叉子、紙杯等免洗餐具。
○ 取消實體印刷品、廣告信或不必要的紙張訂閱。
○ 購物時自備購物袋，不使用塑膠袋。

REDUCE ## 減少無法拒絕的東西

○ 買東西前再三思考自己是否真的非買不可。
○ 養成長期使用且珍惜物品的習慣。
○ 東西只要沒有故障就繼續使用，不替換。
○ 選擇洗髮皂、固體牙膏、洗碗皂等簡化包裝的產品。
○ 打掃與洗衣服時使用小蘇打粉、過碳酸鈉、檸檬酸等無毒洗劑。

REUSE ## 重複利用無法減少的東西

○ 塑膠容器、玻璃瓶或箱子等只使用一次就太可惜了，可以重複使用在適當的地方。
○ 改造已經穿膩的衣服，修理已經故障的電子產品，持續重複使用。
○ 在二手店或跳蚤市場購買二手物品，促進善的循環。
○ 將還能使用卻沒在用的物品捐給需要的地方。

RECYCLE   **回收無法二次使用的東西**

- 寶特瓶類先將內容物徹底倒空，洗淨待乾燥後，除去表層包裝再壓扁，在打開蓋子的狀態下回收。
- 紙箱類除去表層的膠帶或寄送單等，將接合處攤開後再丟棄即可。
- 塑膠類洗乾淨後再回收，已污染的塑膠則作為一般垃圾丟棄即可。
- 牛奶盒、紙杯等若標記分類項目為「紙容器」及鋁箔包（具回收標誌），沖洗壓扁後即可回收。紙容器的塗層經特殊處理，要與一般紙類分開回收，才能提高回收後再次使用的機率。
- 以高吸水性聚合物（SAP）製成的保冰劑可重複使用。

ROT   **選擇以「可分解回歸大自然」成分製造的產品**

- 將廚餘收集後發酵，製成肥料。
- 拒絕使用要耗費五百年以上的時間才能分解的塑膠吸管，改為可生物降解的材料或乾脆不使用吸管。
- 大部分的濕紙巾是由塑膠化學纖維製成，也需要花很多時間才能分解，若燒毀將會污染大氣層，若掩埋將會流入海洋，是塑料微粒的成因。改用可以多次重覆使用的毛巾、手帕、抹布取代濕紙巾。
- 市售洗髮精、沐浴乳、洗碗精、洗衣精會為了提升清潔力而使用合成的界面活性劑，但合成的界面活性劑無法被大自然分解，會污染土壤和水質，破壞水中生態。建議選擇能被微生物分解的天然成分界面活性劑來取代合成的界面活性劑。
- 磨砂膏或牙膏都會為了增加洗淨效果而添加柔珠，但下水道處理設施無法過濾出來，所以大部分的柔珠都會流入大海。由於柔珠也無法被微生物分解，最終會沿著食物鏈再回到人類身上。因此，請盡量避免含有柔珠的產品。

Less Plastic Home
邁向零廢棄的減塑生活

根據《減塑生活》（臺灣商務，2019）所說，2050年在海中的塑膠重量將會增加到超過海底所有魚類的重量。因此，最先該實踐減塑的地方正是我們家裡，這意思並不是要立刻丟掉家裡所有的塑膠製品，而是在買新的東西時，選擇非塑膠的產品，從這點開始做起就行了。只要改變廚房、浴室用品的購買習慣，就能保護家人的健康和地球。

洗髮精、潤絲精、沐浴乳 ▶ 手工皂

將液態洗髮精或沐浴乳替換為固態洗髮皂或沐浴皂，就能減少廢棄塑膠的數量。合成界面活性劑會讓頭皮和皮膚變得敏感，改為使用手工皂後就會發現頭皮和皮膚狀況有效改善。

此外，液態產品的主要成分是「水」，若捨棄了水，就能將需要的營養成分以高濃縮的形式加入，製作出適合自己肌膚類型的肥皂形態的清潔用品。

塑膠牙刷 ▶ 竹製牙刷

據說全世界每年有三十六億支塑膠牙刷被丟棄。使用可自然分解的竹製牙刷，可以大幅減少浴室裡的塑膠製品。

管狀牙膏 ▶ 固體牙膏

裝牙膏的管子大多為複合材料，無法回收利用。固體牙膏與管狀牙膏不同，可以只使用必要的量，也可以放入小鐵盒中，隨身攜帶。

塑膠沐浴球 ▶ 天然沐浴球，棉麻起泡網

塑料纖維製成的沐浴球會產生塑膠微粒和垃圾。天然海綿、棉紗沐浴球、棉麻沐浴球等，都是可替代塑膠沐浴球的天然材質沐浴球，而且很容易取得。將肥皂放入天然材質的起泡網中揉搓，就能輕鬆揉出濃密的泡沫。

壓克力菜瓜布 ▶ 天然菜瓜布、麻布菜瓜布

家中常用的菜瓜布大多是壓克力這種塑膠纖維製成的，在洗碗摩擦時會產生塑膠微粒。這種塑膠微粒會經過下水道污染河流和海洋，最終進入人體，危害人體健康。

葫蘆科植物「絲瓜」日曬後形成天然菜瓜布，可以依照需要切成適當的大小，而且百分之百能被大自然分解。麻布菜瓜布是以麻的莖部編織而成，纖維間很多孔洞，透氣性好，吸水快，不夾帶食物殘渣。

洗碗精 ▶ 洗碗皂

若使用不需要塑膠容器的固態洗碗皂，就能大幅減少家裡的塑膠製品。由於洗碗皂是以天然界面活性劑和小蘇打粉等天然成分製成，可以減少殘留成分被人體吸收的疑慮。與合成界面活性劑不同，生物降解度高，對水質也有好處。

洗碗精 ▶ 無患子

無患子是一種具有自然清潔力和淨化力的清潔劑植物，放入水中後，就能溶出皂素類的天然界面活性成分。在1.5公升的水中，放入十五顆無患子，煮沸後再用小火煮30分鐘，待冷卻後裝瓶冷藏，每次洗碗時取少量使用。較油膩時，最好使用洗碗皂，但簡單的洗碗或清洗蔬果上殘留的農藥時，都可以用無患子清洗。

濕紙巾 ▶ 純棉抹布、竹纖維抹布、紗布手帕

使用起來相當便利的濕紙巾，其主要材料是需要幾百年的時間才能分解的化學纖維「聚酯纖維」。純棉抹布是以抽取自棉花的絲線製成的，透氣性好，吸水性好，也容易乾燥。以萃取自竹子纖維製成的竹纖維抹布則具有抗菌效果，可重複使用，無需擔心細菌。

一次性化妝棉 ▶ 多次用化妝棉

每天使用一兩片化妝棉，到後來就會產生數量龐大的垃圾。如果使用可以洗滌的「多次用化妝棉」，不僅可以減少垃圾，還可以保護皮膚健康。可於洗臉時清洗，或在全部收集後放入洗衣機內清洗，多次使用。

Reducing Your Body Burden
使用無害成分減少身體負擔

我們的身體從頭到腳都是皮膚。每天都會使用洗髮精、潤絲精、沐浴乳、保養品，洗衣服時也會使用衣物柔軟精，有害物質會透過這些產品不知不覺累積在我們體內。

這些有害物質在一定時間累積在體內的總量稱為「身體負擔（body burden）」。身體負擔來自於生活各處，慢慢累積在體內，難以百分之百預防，但是只要多加留意，就能做出更好的選擇。

①使用天然成分、天然產品

若是會直接或間接接觸皮膚的產品，建議選擇使用天然產品或是含有天然成分的產品。生活用品中含有許多合成的界面活性劑，若長期累積在體內，可能會傷害人體主要器官，因此建議使用含有天然界面活性劑的產品。現在很容易透過網路商店購買製作保養品或肥皂的材料，因此以值得信賴的成分自製後使用也是個好方法。

②根據成分標示選擇產品

建議查看成分標示，選擇公開所有成分的產品。消毒劑、殺蟲劑等噴灑在空氣中的產品，雖然不會直接接觸皮膚，但其中的有害物質可能會透過呼吸道累積在體內。衛生棉也盡量選擇沒有使用化學成分的。

③使用天然清潔劑

建議使用小蘇打粉、過碳酸鈉、酒精等進行打掃和清潔。

④減少使用塑膠及塑膠製品

避免使用一次性的塑膠吸管、杯子等，保鮮盒則使用玻璃容器。另外，還要注意可能含有環境荷爾蒙的傢俱、墊子、玩具等，進可能會影響人體內之生理調節機能。

⑤飲食以有機蔬菜和穀類為主

農藥中的有機氯殺蟲劑很有可能會殘留在食物上，然後被人體吸收。建議選擇未使用農藥的有機食品。

⑥在不刺激皮膚的情況下，排出毒素

只有提高皮膚免疫力，才能減少化學物質的滲透。當皮膚溫度升高或皮膚變得敏感時，有害物質滲透的可能性就會更高。沖澡或洗頭時，建議將熱水溫度降低一至兩度。平時多喝水，多運動流汗，也有助於透過皮膚排出毒素。

Ingredients
美妝保養與手工皂的材料

選擇材料時
該考慮的
5大關鍵

①選擇美妝原料化工行購買

雖然橄欖油、小蘇打粉、檸檬酸等常見材料可以在超市買到，但是製作美妝保養或手工皂所用的材料，建議向專門生產保養品原料的公司購買或是美妝原料化工行。書中的保養品成分是根據國際化妝品原料辭典中收錄的標準原料名稱INCI（International Nomenclature Cosmetic Ingredient），因此透過該名稱搜索就能找到正確的品項。

②確認EWG安全性等級

建議參考全球通用、具有公信力的「美國非營利環境組織EWG（Environmental Working Group）」所對美妝保養品成分安全評估的標準等級，他們蒐集六十多種肌膚表皮樣本作為資料庫的基礎，調查保養品原料中的有害成分，等級分為一至十，數字越小越安全，一至二為安全的綠色等級，三至六為中等風險的黃色等級，七至十為高風險的紅色等級，可透過不同的顏色區別掌握成分的安全性。安全等級可在EWG官方網站（www.ewg.org）以INCI（國際化妝品成分命名法）英文名稱搜尋進行確認。

③留意材料的有效期限和保存

每個美妝保養品材料的有效期限和使用期限等方面皆有差異。若過期仍使用，可能會導致功能降低或對人體有害，請考慮用量後購買適當的分量。另外，開封後請留意保存方式。大部分材料最好都放在陰涼、通風、不潮濕的地方，盡量隔絕熱源、光線和空氣，請按照材料的特性，遵守建議的保存規定。

④檢測是否適合自己的皮膚類型

即使材料的成分很溫和，也可能會不適合自己的肌膚。如果是第一次接觸，建議在大量購買之前，先少量購買，測試是否有過敏反應。

⑤考慮材料對環境的影響

購買植物油、花草及藥草萃取物、精油等原料時，請檢查栽培方式，盡可能購買以對環境無害的方式生產的原料。原料是否經過有機農業機構認證，以有機農法管理和栽培？是否為公平貿易產品等，都是判斷的依據。

水性原料

可溶於水的原料被歸類於水性原料，一般來說純水佔最大的比例。

純水或蒸餾水

純水或蒸餾水是最純粹的水，不含礦物質或離子等。自來水或礦泉水容易滋生微生物，因此在製作保養品或肥皂時，一定要使用純水或蒸餾水。國內可至屈臣氏或網路購買蒸餾水。

花水

花水是以蒸餾法萃取精油時產生的副產物，又稱純露、水合物。大部分都是弱酸性，適合用於護膚。含有微量精油的成分，可直接作為化妝水使用，萃取的植物不同，功效就會不同。

花水	功效
玫瑰水 Rosa damascena	卓越的鎮定功效， 為粗糙乾燥的皮膚提供營養和水分。 適合所有皮膚，收斂效果卓越， 對老化的皮膚尤佳。
薰衣草水 Lavender water	適合所有皮膚類型， 能有效鎮定在太陽下曬過的皮膚。 適用有濕疹、乾性、發炎的皮膚。
洋甘菊水 Chamomile water	能有效鎮定敏感性皮膚或搔癢的皮膚。 有緩解發炎的效果，相當溫和， 也可以安心使用在嬰兒皮膚上。
金縷梅水 Witch hazel water	是一種天然收斂化妝水，常用於化妝水。 適合用於油性皮膚、冒痘、發炎的皮膚。
橙花水 Orange flower water	適合敏感性皮膚、老化皮膚， 跟玫瑰水並列為代表性的美容化妝水。
茶樹水 Teatree water	抗菌性強，適合油性皮膚、發炎和冒痘的皮膚。
迷迭香水 Rosemary water	能為疲憊、毫無生機的肌膚增添活力。 能有效緩解乾癬或搔癢等問題型肌膚相當有效。

萃取物

在液體或固體混合物中加入適當的溶劑後分離出的有效成分物質。有些萃取物具有多種功效，如積雪草、金盞花、綠茶、魚腥草等。一般會添加1～5%左右。

乙醇

在保養品中會使用發酵酒精「植物乙醇」作為收斂、清潔、殺菌、增溶劑等天然成分。

認識植物性固態油脂&蠟

	類型	功效
固態油脂	乳木果油 Shea butter	從非洲乳油木（Shea tree）果實中萃取的油，在常溫下是固體。保濕效果卓越，有防曬效果。皮膚滲透力強，有助於細胞修復和傷口癒合。多用於乳霜、軟膏，保濕力持久，對異位性皮膚炎或乾性皮膚效果顯著。
蠟	荷荷芭油 Jojoba liquid wax	雖然以油聞名，但溫度下降後是凝固的液體蠟，氧化穩定性非常高。其化學結構類似人體皮脂，具有良好的擴散性、親和性，以及皮膚滲透性。
	巴西棕櫚蠟 Carnauba wax	取自南美生長的巴西棕櫚樹，在植物蠟中硬度和熔點最高。多用於口紅、乳霜、除毛蠟等。
	堪地理拉蠟 （小燭樹蠟） Candelilla wax	是從生長於墨西哥西北部和美國德克薩斯州的植物的莖中取得的，用於口紅、睫毛膏、唇膏類，增加硬度和光澤。
	蜂蠟 Beeswax	從蜜蜂的蜂巢中萃取，在熱水中分離成動物蠟，用途廣泛，但敏感的皮膚需要注意。

無棕櫚油（Palm Free）運動

棕櫚油（Palm oil）是從棕櫚樹的果實果肉中萃取的油脂，在常溫下呈固態（熔點70度），氧化穩定度高。含有油酸，有助於保濕，製作成肥皂後，清潔力強，能形成細密的泡沫，被廣泛用於肥皂和保養品製作中。但為了增加棕櫚油的生產，每年都會燒燬大量面積的森林來建立棕櫚農場，排放大量的碳，使得熱帶雨林消失，包括猩猩在內，大象、老虎等野生動物正因此失去家園。棕櫚油的議題浮現後，杜絕使用棕櫚油的無棕櫚油（Palm Free）運動正在持續。因此本書的配方也排除了棕櫚油。

界面活性劑

界面活性劑的作用是減少氣體和液體、液體和固體等性質不同的物質接觸的表面張力。簡單來說，界面活性劑就是有混合油水的功能，廣泛運用在清潔劑（detergent）、潤濕劑（wetting agent）、乳化劑（emulsifier）、起泡劑（foaming agent）、增溶劑（solubilization agent）、分散劑（dispersant）上。

清潔劑（detergent）的界面活性劑分為合成與天然的植物成分，本書使用了植物成分的界面活性劑。石油系的合成界面活性劑以豐富的泡沫和經濟效益長期佔據市場，但是，合成的界面活性劑卻會刺激皮膚，持續接觸可能會在體內累積化學物質，有影響身體健康的疑慮。另外，合成界面活性劑無法被微生物分解，所以也會對環境造成傷害。以下列表的界面活性劑是從植物中萃取的，幾乎沒有毒性，大多是能被微生物分解的物質，相當環保。

按親水性質分類

分類	定義	類型
陰離子界面活性劑	有助於清潔作用和氣泡形成，是所有清潔產品都會加入的界面活性劑。	椰油醯甘氨酸鉀（Potassium Cocoyl Glycinate）、椰油醯基蘋果氨基酸鈉（Sodium Cocoyl Apple Amino Acids）、椰油醯谷氨酸鈉（Sodium Cocoyl Glutamate）、椰油酸羥乙基磺酸鈉（Sodium cocoyl isethionate）
陽離子界面活性劑	用於護髮產品、衣物柔軟劑，能夠殺菌、消毒，具有防靜電效果。	芸苔油醇（Brassica Alcohol）、聚季銨鹽（Polyquaternium）
兩性離子界面活性劑	具有雙重功能可根據溶液溶於水時的pH值，在「鹼性」中發揮陰離子界面活性劑的作用，在「酸性」中發揮陽離子界面活性劑的作用。清潔力適中，刺激性小，安全性高，用於嬰幼兒洗髮產品及較不刺激的洗髮產品。	甜菜鹼（Coco-Betain）、月桂醯胺丙基二甲基甜菜鹼（Lauramido Propyl Betaine）、椰油醯胺（Cocamide）
非離子界面活性劑	雖然起泡較少，但對皮膚刺激較小，乳化力卓越，不僅能用於洗衣服，還可用於洗臉，用途多元。	椰油基葡糖苷（Coco-Glucoside）、烷基聚葡萄糖苷（Lauryl Glucoside）、癸基葡萄糖苷（Decyl glucoside）

植物成分的清潔劑種類及特點

分類	類型	特點
陰離子界面活性劑	月桂醇磺基琥珀酸酯二鈉 DLS（Disodium lauryl sulfosuccinate） Data: Limited 1	以椰子油的脂肪酸「月桂酸」為原料製成的低刺激界面活性劑，消除了既有的SLES成分中造成問題的「環氧乙烷」成分。
	蘋果汁起泡劑 APL（Sodium cocoyl apple amino acids） Data: Limited 1	以蘋果汁的氨基酸製成。沒有黏性，價格昂貴，但溫和無刺激，經常用於嬰兒產品。
	椰油醯甘氨酸鉀 PCG (Potassium Cocoyl Glycinate) Data: Limited 1	是從椰子中萃取、生物降解性高的界面活性劑。能形成豐富的泡沫，帶來清爽的使用感。對皮膚和眼睛的刺激小，保濕時間長，常用於敏感性皮膚的清潔或嬰兒產品。
	十二烷基硫酸鈉 SLSA (Sodium Lauryl Sulfoacetate) Data: None 1	取自椰子及棕櫚油的粉末，是低刺激的陰離子界面活性劑。採用不滲透皮膚的分子結構，使用起來較安全，能在不傷害皮膚保護膜的情況下清潔。由於能被生物分解，主要用於環保產品、嬰兒產品、女性清潔劑、敏感性皮膚產品等。
	椰油醯谷氨酸鈉 SCG（Sodium Cocoyl Glutamate） Data:Limited 1	在氨基酸系列中，屬於低刺激、生物降解性高的界面活性劑。從椰子與發酵的糖分中萃取，刺激小，可安全地用於嬰兒產品、敏感性皮膚產品、洗碗產品、洗臉產品等。
	椰油酸羥乙基磺酸鈉（Elfan84） SCI（Sodium Cocoyl Isethionate） Data: Limited 1	是由椰子油中萃取的脂肪酸和羥基乙磺酸（Isethionic Acid）混合成的弱酸性陰離子界面活性劑，刺激性小，產生柔軟且豐富的泡沫，清潔力也相當優秀。 無需擔心引發癌症、毒性、過敏，可放心使用，適合所有膚質。能吸收老廢物質、懸浮微粒，對問題性肌膚或油性皮膚都有幫助。有粉末狀和顆粒狀。

陽離子	芸苔油醇 Brassicyl Isoleucinate Esylate Brassica Alcohol Data: None 1	將油菜花脂肪酸與甘蔗發酵，與異白胺酸結合而成的天然陽離子系統，能維護毛髮健康，防止靜電。
	聚季銨鹽 Polyquaternium-10 Data: Limited 1	陽離子聚合物，用於毛髮護理、防止靜電、成膜劑。
兩性離子	椰油醯胺丙基甜菜鹼 Coco-Betaine Data:Limited 1	取自於椰子的界面活性劑，清潔力和增稠力良好，具有防止靜電及護理的效果。
	月桂醯胺丙基二甲基甜菜鹼LPB Lauramido Propyl Betaine Data: Limited1-3	從椰子中獲得的兩性離子界面活性劑，主要用於沐浴產品和洗髮產品。長期使用可能會產生搔癢，因此要注意用量。具有良好的防止靜電效果和增稠力。
非離子	癸基葡萄糖苷 Decyl glucoside Data: Limited 2	萃取自椰子、玉米、棕櫚仁。據悉，具有強鹼性，可提高清潔力，無毒性，對眼睛和皮膚很溫和。
	烷基聚葡萄糖苷 Lauryl Glucoside Data: Limited 1	由玉米、馬鈴薯等發酵工程製成，具有良好的生物降解性。清潔力強，受pH的影響較小，遇到弱酸性的劑型也能形成許多泡沫。
	椰油基葡糖苷 Coco Glucoside Data: Limited 1	可可的脂肪醇和葡萄糖的聚合物。不會對皮膚造成負擔，具有良好的清潔力。使用起來滑順，敏感性肌膚適用。

增溶劑：solubilizer
是界面活性劑（surfactant）的一種，負責將少量油溶入大量的水中。

類型	特點
水溶性橄欖液 （olivem300） Olive Oil Peg 7 Esters Data: Limited 3	因為含有PEG*，所以相較於停留在皮膚上的產品，更推薦用在清洗類的產品。用量為油性成分的兩倍左右。
聚甘油-4 癸酸酯 Polyglyseryl-4 Caprate Data: Limited 1	是沒有PEG的增溶劑，被稱為環保型溶劑，溶解性好，親水性高，多用於沐浴產品、面膜等。有助於讓少量油分散在乳液或凝膠中，幫助溶解。用量為油性成分的兩倍左右。
山梨醇聚醚-30 四油酸酯 Sorbeth-30 Tetraoleate Data: None	親水性增溶劑。雖然不是無PEG，卻是EWG一級的低刺激成分，可用於卸妝油、化妝水、噴霧等多種產品。

* 聚乙二醇（PEG, Polyethylene glycol）：
是在保養品和醫藥品等多個領域使用的物質，雖然本身不是致癌物質，但製造過程中可能會產生的環氧乙烷（Ethylene Oxide）和1,4-戴奧辛（1,4- Dioxane）成分被列為致癌物質。

穩定劑
抑制微生物在產品中生長，防止產品變質或變色、黏稠度或質地改變以及黴菌的發生。

類型	特點
EURO-NApre	由地衣、朝鮮白頭翁、花椒等植物萃取物成分製成的天然保存劑，對皮膚刺激小，是彌補現有合成防腐劑的副作用而誕生的產品。添加1%即可保存三個月。
1.2己二醇 1.2 Hexanediol	具有良好的保濕性和抗菌性，是為了替代合成防腐劑而開發的成分。幾乎沒有刺激，還有保濕效果，防止皮膚的水分蒸發。調配限度1～3%，添加1%，即有兩個月的保存效果。
維生素E	以抗氧化劑的形式防止油氧化，建議添加1%。
其它抗氧化穩定劑	葡萄柚籽萃取物、鼠尾草萃取物、綠茶萃取物、迷迭香萃取物

天然粉末

將蔬菜、水果等乾燥後打碎取得的粉末，擁有各自卓越的特性。請根據保濕、鎮定、去除皮脂及吸附老廢物質等功效，選擇適合肌膚使用的產品。

分類	類型	功效
保濕鎮定	燕麥	沒有特別的過敏案例，保濕、美白、鎮定效果卓越。
	菖蒲	帶給皮膚和頭皮光澤，加強保濕。
	薰衣草	緩解肌膚問題，鎮定肌膚。
	南瓜	為乾燥的皮膚保濕和增添生機。
	綠球藻	預防皺紋，有助於皮膚修復及保濕。
	艾草	保濕及抗菌功效卓越。
	可可	有助於保濕和改善皺紋。
吸收皮脂 去除老廢物質 鎮定痘痘	白泥	調節皮膚油水平衡，具有鎮定效果。
	粉紅泥	淨化及鎮定肌膚，調節過多皮脂。
	綠泥	去除老廢物質和毒素，吸附性好。
	薄荷	有助於調節皮脂和去除角質。
	米糠	適合去除角質，可淡化斑點。
	黑炭	去除老廢物質、吸附皮脂的功能非常顯著。
	綠豆	具有提亮、解毒功效，緩解痘痘。
	魚腥草	消除皮膚發炎和痘痘，具有解毒效果。
美白 收斂	綠茶	具有美白和去角質效果，也能排毒。
	陳皮	緩解肌膚問題，淨化肌膚。
	栗子皮	有助於改善皺紋和保濕。
	紅椒	抑制雀斑，提亮膚色。
	蘆薈	有助於去除黑斑和痘痘及美白。
	杏仁	透過美白效果去除肌膚瑕疵，賦予肌膚光澤。
抗發炎 止癢	金盞花	幫助皮膚修復，治癒傷口。
	紫草	具有排毒、止癢、保濕功效。
	洋甘菊	具有鎮定、保濕和抗發炎的功效。
	薰衣草	鎮定皮膚，緩解搔癢。
	爐甘石	鎮定皮膚，緩解搔癢。
	迷迭香	具有止癢、抗發炎功效。
	諾麗果	具有卓越的抗菌、抗炎功效。
	積雪草	有助於治癒傷口、抗氧化。

添加物

甘油　從植物油中萃取，是保養品中最常用的保濕劑。水溶性，具有吸收並保持水分的功能。要注意的是，添加超過10%，反而會變得乾燥。

玻尿酸　將小麥的醣和蛋白質成分經乳酸菌發酵後分離精製而成，擁有強大的親水性。能吸收比自身重八十倍的水分，形成天然的保護膜，維持肌膚水分。玻尿酸也存在於眼睛或臍帶等部位，分布在人體百分之五十以上的肌膚，卻會隨著年齡的增長而減少。

玻尿酸在保濕劑中擁有最顯著的保水功能，防止皮膚水分蒸發，製作乳霜或乳液時添加1～3%。

蘆薈膠　生長在熱帶和溫帶地區，是很知名的藥用植物。蘆薈含有「蘆薈素」，對細菌和黴菌具有殺菌力，可以中和毒素。除此之外，還含有皂素，有助恢復膠原蛋白的功能與修復受損肌膚，可用於內服、外傷或燒燙傷等，也常用為保養品的原料。製作時可添加至100%。

絲胺酸　指將蠶繭絲擁有的兩種優質蛋白質（絲膠蛋白、絲蛋白）分離出來，只萃取出絲蛋白，再透過水解分離出的十八種氨基酸。由於與人體蛋白質的親和力非常高，不用擔心副作用，一種物質就含有十八種氨基酸。用於護髮和護膚產品，吸濕性、防潮性、透氣性卓越。

D-泛醇　泛酸（維生素B5）的醇衍生物，稱為維生素B5，在頭髮產品中是特別有用的成分，能滲透到毛髮皮脂、頭皮，進而強化髮根。

除此之外，還廣泛用於兒童尿布引起的紅疹、擦傷、蚊蟲叮咬、濕疹和皮膚病等皮膚傷口。

神經醯胺	細胞間脂質的主要成分。若神經醯胺減少，留住水分的能力會明顯下降，水分很容易蒸發，造成皮膚變得粗糙，容易出現長瘡、搔癢等症狀。神經醯胺能保護皮脂不受到外部刺激，防止角質層的水分蒸發，預防因水分不足而長皺紋。
彈性蛋白	人體內合成的天然蛋白質，分布於皮膚下兩層的真皮和皮下組織。彈性蛋白是天然高分子蛋白質，與膠原蛋白並列為維持皮膚彈性和柔軟的必需要素，為皮膚提供營養，為毛髮提供光澤和彈性，防止靜電。
膠原蛋白	人體內合成的天然蛋白質，分布於皮膚下兩層的真皮和皮下組織。是天然高分子蛋白質，大多從魚類中萃取的海洋膠原蛋白，以及從植物中萃取的植物性膠原蛋白。含有大量蛋白質和多醣體，能增加皮膚彈性。

精油

精油是從植物的花朵、莖、果實或根部等處萃取的成分，由高揮發性、結構複雜的化合物組成。由於已濃縮至高濃度，所以易受光線、熱源影響。消毒及防腐效果卓越，精油透過皮膚和呼吸道吸收後，能透過血液循環尋找親和力高的器官，進而強化其功能。

注意事項

絕對不能直接使用原液（薰衣草、茶樹除外），應以植物油或基底油稀釋後使用。年老者、體虛者或敏感皮膚建議只使用配方的一半，孕婦及三歲以下的幼童不建議使用。

精油用量

※ 1滴精油相當於0.05mL，20滴相當於1mL。
肥皂：1%～3%
保養品：0.25～0.5%
幼兒、敏感性皮膚：標準量的一半
三歲以下、孕婦：除專家建議外，禁止使用

精油調配方法

Note	比例	特點	類型
Top note 前調	25～35%	大部分柑橘類的精油都是揮發最快的香味，也是會最先察覺到的香味。	檸檬、萊姆、葡萄柚、柳橙、橘子、佛手柑、尤加利、茶樹、松樹
Middle note 中調	55～60%	決定整體氛圍的香味，是最核心的香調。大部分精油都屬於這一類。	薰衣草、薄荷、迷迭香、檸檬草、天竺葵、洋甘菊、玫瑰草、山雞椒、薑
Base note 後調	10～15%	能維持香味的香調，少量也能改變氛圍。	廣藿香、依蘭、岩蘭草、雪松、檀香、乳香、沒藥、原精

TIP

• 維持柑橘香的油：山雞椒、檸檬草、亞香茅
• 協調整體的香味：薰衣草、檀香
• 幫助香味熟成且持久的香味：依蘭、廣藿香、岩蘭草
• 較強的香味：尤加利、薄荷、肉桂、羅勒

推薦用於護髮精油

適用所有類型的頭皮	天竺葵、薰衣草、迷迭香
乾性、受損頭皮	檀香、乳香、薰衣草
油性頭皮	佛手柑、葡萄柚、檸檬、萊姆、雪松、廣藿香、苦橙葉
頭皮屑	雪松、尤加利、迷迭香、茶樹、檀香
發癢或發炎的頭皮	薰衣草、德國洋甘菊、茶樹
掉髮	迷迭香、薑、薄荷、依蘭、雪松
幼兒	薰衣草、德國洋甘菊、羅馬洋甘菊

推薦用於皮膚和身體護理的精油

適用所有皮膚	薰衣草、天竺葵、玫瑰草、玫瑰、茉莉、橙花、依蘭、檀香
乾性皮膚	薰衣草、玫瑰草、玫瑰、檀香、廣藿香
油性皮膚	佛手柑、天竺葵、檸檬、萊姆、柳橙、葡萄柚
混合性皮膚	天竺葵、薰衣草、玫瑰草、依蘭
老化皮膚	薰衣草、乳香、廣藿香、檀香、玫瑰、茉莉
敏感性皮膚	德國洋甘菊、羅馬洋甘菊、玫瑰、橙花、檀香
痘痘肌	薰衣草、茶樹、苦橙、檸檬、葡萄柚
幼兒	薰衣草、德國洋甘菊、羅馬洋甘菊

一次了解各類型
肌膚的DIY材料清單

類型	油和固態油脂	精油
一般肌膚	荷荷芭油、摩洛哥堅果油、甜杏仁油、夏威夷果油、橄欖油	薰衣草、洋甘菊、天竺葵、檀香、玫瑰草、乳香、廣藿香、胡蘿蔔籽、玫瑰、茉莉、橙花、依蘭、苦橙葉
油性肌膚	荷荷芭油、葡萄籽油、杏仁油、綠茶籽油、葵花籽油	天竺葵、玫瑰草、柳橙、苦橙、葡萄柚、杜松子、絲柏、快樂鼠尾草、茶樹
乾性肌膚	荷荷芭油、酪梨油、甜杏仁油、橄欖油、玫瑰果油、月見草油、椰子油、乳木果油	薰衣草、洋甘菊、檀香、玫瑰草、天竺葵、乳香、廣藿香、胡蘿蔔籽、玫瑰、茉莉
改善皺紋	月見草油、玫瑰果油、大麻籽油	乳香、胡蘿蔔籽、茉莉、玫瑰
敏感性	荷荷芭油、金盞花浸泡油、月見草油	薰衣草、洋甘菊、玫瑰
痘痘肌問題肌	荷荷芭油、金盞花浸泡油	茶樹、薰衣草、洋甘菊
幼兒	荷荷芭油、金盞花浸泡油、橄欖油、月見草油	薰衣草、洋甘菊

花水	天然粉末	添加物
玫瑰水 洋甘菊水 薰衣草水	燕麥、艾草、綠球藻、紅椒、積雪草	甘油、玻尿酸、積雪草萃取物、D-泛醇、金盞花萃取物、洋甘菊萃取物、蘆薈膠、尿囊素、纖維素粉末、絲胺酸、神經醯胺
茶樹水 薰衣草水 金縷梅水 橙花水	魚腥草、礦泥、綠豆、爐甘石、黑炭	魚腥草、礦泥、綠豆、爐甘石、黑炭
薰衣草水 玫瑰水 洋甘菊水	燕麥、積雪草、艾草、綠球藻	甘油、玻尿酸、膠原蛋白、彈性蛋白、積雪草萃取物、神經醯胺
玫瑰水 薰衣草水	玫瑰果	膠原蛋白、彈性蛋白、神經醯胺
玫瑰水 洋甘菊水 薰衣草水	金盞花、洋甘菊、燕麥	洋甘菊萃取物、金盞花萃取物、甘油、尿囊素
茶樹水 薰衣草水	礦泥、爐甘石、金盞花、綠豆、魚腥草	魚腥草萃取物、甘草萃取物、金盞花萃取物、積雪草萃取物、D-泛醇、尿囊素、蜂膠
薰衣草水 洋甘菊水	薰衣草水、洋甘菊水	洋甘菊萃取物、金盞花萃取物、甘油、尿囊素、D-泛醇、積雪草萃取物

Tools
製作零廢棄美妝保養
與手工皂時的必備工具

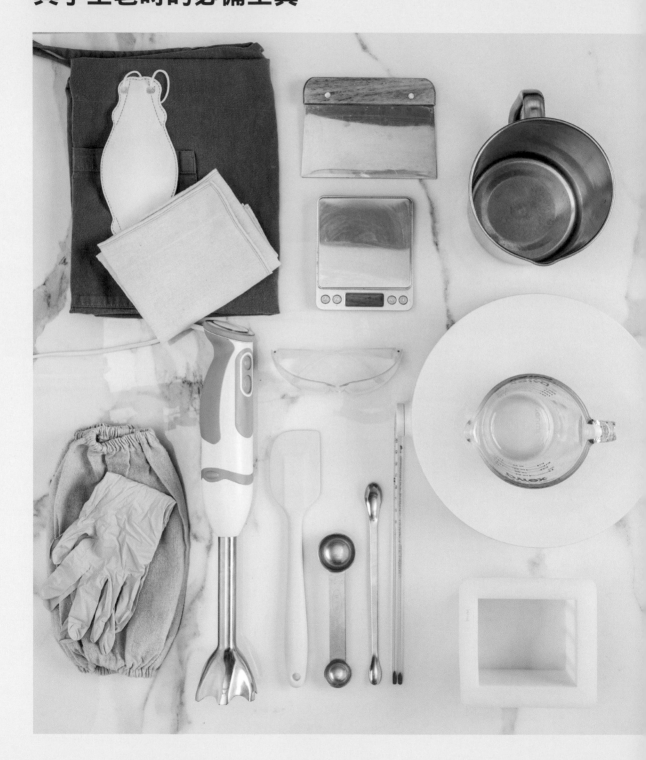

請不要將製作保養品或手工皂時使用的容器或工具，用於其他用途。容器和工具請選擇能盛裝精油或酒精成分的材料，如玻璃、陶瓷、不鏽鋼等。

① 電子秤　　用於計算材料。山於需要稱量少量的材料，所以推薦使用 0.1 克電子秤，可以準確測定 0.1 公克至 3 公斤。

② 試劑匙、量匙　　用於挖取少量粉末或將配料混合均勻時。

③ 電烤盤、
　電磁爐　　用於將材料加熱或熔解。放上玻璃容器時，請用最弱的熱度操作，並注意餘溫，以免燙傷。某些容器可能無法使用電磁爐，請事先確認。

④ 耐熱玻璃燒杯　　在稱量或攪拌材料時都會使用，有時也會加熱，最好能使用耐熱玻璃的材料。

⑤ 攪拌盆　　計算材料分量後攪拌或混合時使用。建議選擇玻璃或不鏽鋼材質較佳。

⑥ 溫度計　　主要用於測量油、氫氧化鈉溶液、皂液的溫度。玻璃溫度計、紅外線溫度計、烘焙用溫度計均可使用。

⑦ 刮刀　　主要在將材料攪拌均勻時使用。使用矽膠刮刀就可在將材料倒入模具或容器時乾淨俐落地取出。

⑧ 手持攪拌棒　　常在以低溫法製作肥皂的過程中，將氫氧化鈉水溶液與油混合時使用。建議選擇大一點的來製作手工皂，選擇小一點的製作保養品。

⑨ 皂模　　是裝入皂液塑形時使用的模具，有各種尺寸。如果沒有模具，可以使用牛奶盒。

⑩ 圍裙　　防止材料濺到衣服上或沾到衣服上。

⑪ 手套和袖套　　避免皮膚刺激，也防止材料受污染。處理氫氧化鈉時，需要特別注意，避免接觸肥皂液，因此請戴上可被生物分解的「NBR 丁腈手套*」。* 在各大網站皆可購買，且台灣可回收利用。

⑫ 口罩和護目鏡　　處理氫氧化鈉時請戴上口罩，避免煙霧傷害喉嚨和鼻子黏膜，也戴上護目鏡，避免手工皂液濺到眼角。

Before You Begin　開始之前

製作前須知

①容器和工具請消毒後再使用

工具或保存容器在使用前請噴灑消毒酒精擦拭或用熱水消毒，並且徹底清潔手部，保持乾淨的環境再後開始作業。使用過的容器或果醬瓶等玻璃容器，也可以消毒後重覆使用。

②事先少量測試新材料

如果皮膚比較敏感，建議在使用新材料時事先測試。有些人特別會因為體質不同而不適合使用精油，因此需要注意。精油是濃縮成高濃度的物質，原液不可直接塗抹在皮膚上。請在基底油中加入1%的精油（基底油5mL加1滴精油）後，取少量塗抹於手臂內側，觀察一天左右，若感覺異常，請立即停止使用。

③嬰兒或孕婦要特別注意使用精油

三歲以下的嬰幼兒禁止使用精油，三歲以上的幼兒或孕婦也應注意部分精油。

④注意保管材料

購買材料後要檢查有效期限，還要注意保存。易受光害的產品應使用棕色或綠色遮光瓶儲存，避免紫外線通過。風乾後的肥皂請用紙包好，放在通風陰涼處保管。天氣潮濕時，最好能放除濕劑等，保持周圍環境乾燥。

⑤貼上標籤以確認使用期限

保養品、手工皂、清潔劑完成後，請在上面記錄產品名稱和製造日期，確保在期限內使用完畢。

⑥正確計量

請按照配方添加分量，請勿使用目測製作或者任意改變，如因為喜歡某味道而多加一點等。可能會依據調配分量的不同，造成效果或質感的差異。

⑦依據材料佩戴保護裝備以策安全

製造冷製皂處理氫氧化鈉時，一定要戴上手套、護目鏡、口罩等保護裝備，安全地操作。

容器消毒

酒精消毒

容器可用消毒酒精消毒，重複使用。將酒精倒入噴霧瓶後，噴灑容器內部、外部、蓋子等，充分噴濕，待風乾後再使用。

按壓罐則是裝入消毒用酒精，按壓二十次左右，徹底消毒內部。

熱水消毒

玻璃材料的保養品容器、果醬瓶、醬汁瓶等玻璃瓶也可以用熱水消毒後再使用。將冷水倒入鍋中，水位高度為玻璃瓶的一半，再使玻璃瓶瓶口朝下，用中火煮沸，待瓶內充滿水蒸氣後，再煮三至五分鐘消毒。

- 玫瑰化妝水
- 卸妝油
- 淨膚泥膜
- 蘆薈膠保濕霜
- 多功能護膚膏
- 花草浸泡油
- 碳酸沐浴球
- 黑糖蜂蜜磨砂膏

CLEAN BEAUTY

CRUELTY FREE

Zero Waste

1

零廢棄
美妝保養品 DIY

Skin Care

Zero Waste Beauty 零廢棄美容程序

皮膚是人體最大的器官，會直接吸收我們塗抹的一切，然而市售保養品標示上的成分，那些落落長的化學元素表，到底會不會造成肌膚傷害呢？

接下來所介紹的自製保養品，只添加必要材料、盡可能減少皮膚刺激，都是功能實在的護膚產品。配方簡單，任何人都可以輕易照做，只要學習一次，就能一輩子守護皮膚的健康。容器可以消毒後重覆使用，因此只要使用自己親自製作的產品，就能有效大幅減少使用塑膠容器。

臉部清潔使用程序→

清潔	化妝水	保濕乳液	特別護理 （一週使用一次）
卸妝油 P.60 幫助溶解殘妝和老廢物質、去除多餘的皮脂、清理毛孔。用卸妝油卸妝，再用弱酸性洗臉皂，這樣洗兩次臉之後，就能洗得更乾淨。	**玫瑰水化妝水** P.54 清潔後為乾燥的肌膚補充水分，撫平肌膚紋路，也有助於皮膚吸收下一個保養品的養分。皮膚敏感或疲憊時，建議用化妝水沾濕化妝棉，放在兩頰、額頭、下巴等處五分鐘左右，敷上化妝水面膜。 夏天可將化妝水保存在冰箱，之後擦在皮膚上時就可以達到冷卻護理的效果。	**蘆薈膠保濕霜** P.72 鎮定肌膚，補充水分。	**泥膜** P.66 清潔毛孔中老舊皮脂和油分，用豐富的礦物質鎮定、緊緻肌膚，提供營養。
		花草按摩油 P.84 洗完臉或淋浴後，可以用保濕油塗抹於臉部、身體和髮尾，也可作為按摩油。	**黑糖蜂蜜磨砂膏** P.98 溫和地去除角質，讓皮膚更加光滑水潤。
		多功能護膚膏 P.78 隨時塗抹於臉部和身上容易乾燥的嘴唇、眼角、手腳和橘皮組織等，保持濕潤。	**碳酸泡澡球** P.92 沐浴時使用有助於血液循環，放鬆肌肉，使皮膚紋理變得光滑。

Beauty tip

黑頭管理法

黑頭是毛孔中的皮脂氧化而變黑的。如果強行擠出，可能會產生傷口或毛孔粗大，變得更加明顯，但如果放任不管，可能會堵塞毛孔，引起發炎，因此需要管理。

最好的方法是在洗臉的過程中自然地融化黑頭。用卸妝油卸妝時，請仔細按摩黑頭部位，幫助溶解老廢物質。荷荷芭油構造相似於皮脂分子結構，可以用荷荷芭油代替卸妝油塗抹在黑頭部位，手指輕輕畫圓按摩。

玫瑰化妝水

Rose Water Toner

化妝水能在洗臉後乾燥的肌膚補充水分，撫平肌膚紋路，也有助於肌膚吸收下一個保養品的養分。將凌晨剛摘下的玫瑰蒸餾後取得的玫瑰水，可鎮定泛紅的肌膚，增添水潤感。花水中殘留微量的精油有一定的功效，但也可以根據皮膚類型和喜好添加植物油或添加物。

洗臉後將適量的化妝水倒在手上或化妝棉，輕輕塗抹在肌膚上。皮膚需要休息時，建議用鎮定及保濕效果卓越的化妝水浸濕化妝棉，敷在皮膚上五至十分鐘，作為化妝水面膜。

Rose Water Toner 玫瑰化妝水

。分量：100ML。建議使用期限：2個月

Ingredients

分類	材料	容量	替代材料
水性	玫瑰水	88g	花水
油性	荷荷芭油	1g	植物油（可省略）
增溶劑	環保型溶劑 （Eco Solubilizer）	2g	可省略
添加物	甘油	3g	
穩定劑	1,2-己二醇	1g	EURO-NApre
香味	精油	5～10滴	可省略

Recipe note

○ 增溶劑「環保型溶劑（聚甘油-4癸酸酯）」，具有將油溶解在玫瑰水中的作用，亦可省略。基本上會建議添加油量的三到五倍來溶解，但這配方添加量僅占化妝水總量的1～2%。因此，建議使用前請搖勻，使油均勻散開。

○ 可以省略荷荷芭油。僅用精油及環保型溶劑，亦可做成無油化妝水。

○ 荷荷芭油和玫瑰水可以根據皮膚類型替換。

各肌膚類型建議的植物油

乾性：夏威夷果油、甜杏仁油、橄欖油、荷荷芭油、摩洛哥堅果油

油性：葡萄籽油、葵花籽油、荷荷芭油

敏感性：荷荷芭油、金盞花浸泡油、月見草油

修復：玫瑰果油、月見草油、荷荷芭油

各肌膚類型建議的花水

乾性：玫瑰水、薰衣草水

油性：茶樹水、迷迭香水、金縷梅水

敏感性：玫瑰水、橙花水、洋甘菊水、薰衣草水

卸妝油
Cleansing Oil

卸妝是維持皮膚健康的第一步，不容忽視。但是，把卸妝液倒在化妝棉上卸除彩妝，用卸妝水清除底妝，再用洗面乳洗臉，這個過程持續久了就會產生大量的垃圾。其實，如果是淡妝，可以直接用卸妝油在臉上塗抹，即可輕鬆卸除老廢物質和彩妝。

市面上銷售的卸妝油大多數含有化學防腐劑、乳化劑、合成香料和色素、矽油等，這些成分可能會刺激皮膚或誘發過敏，所以最好不要使用。

卸妝油的製作方法也很簡單，可以透過植物油的搭配，制定出符合自己皮膚類型的配方。尤其荷荷芭油與皮脂的分子結構相似，在溶解殘妝時不僅不會刺激皮膚，還能幫助去除多餘的皮脂和老廢物質，管理毛孔。由於荷荷芭油能調節皮脂分泌平衡，讓洗臉後的皮膚不緊繃，所以是適合所有皮膚類型的卸妝油。

淨膚泥膜
Clay Mask Pack

如果疏忽皮脂管理，毛孔就會變得粗大，毛孔變大後，容易堆積老廢物質和殘妝，反覆出現皮脂溢出的惡性循環。過度分泌的皮脂會破壞皮膚的油水平衡，堵塞毛孔，引發皮膚問題。

礦泥具有卓越的吸附力，清潔毛孔中老舊皮脂和油分的效果非常卓越，同時能以豐富的礦物質鎮定肌膚，為肌膚補充營養。

一般的面膜大多是由尼龍和聚酯纖維等混合纖維製成的，不容易分解，會形成塑膠微粒。泥膜是能用水沖洗的水洗式面膜，可保護皮膚和地球。礦泥存在於不受污染的河邊地底深處，經過日曬的天然乾燥過程，活化其中的礦物質。

依據含有的礦物質比例的不同，就會有不同的顏色和效果。請根據自己的皮膚問題製作出各種面膜。

Aloe Gel Creams 蘆薈膠保濕霜

Ingredients

。分量：100mL。建議使用期限：3個月

分類	材料	容量	替代材料
	蘆薈膠	74g	
水性	蒸餾水	20g	花水
油性	荷荷芭油	4g	植物油
穩定劑	1,2-己二醇	1g	EURO-NApre
香味	精油	10滴（0.5g）	可省略

Recipe note

○ 蘆薈中含有「蘆薈素」成分，具有殺菌和解毒作用，能預防黑色素沉澱，降低熱感、鎮定肌膚效果卓越，製作時可添加至 100%。

○ 若用薰衣草水或玫瑰水代替蒸餾水，就會更保濕。過敏性皮膚若用茶樹水、薰衣草水、洋甘菊水代替蒸餾水，將有助於鎮定皮膚。

○ 精油方面若使用天竺葵、薰衣草、玫瑰草、乳香，就會更保濕。問題型皮膚選擇茶樹、薰衣草、德國洋甘菊、羅馬洋甘菊精油，有助於鎮定肌膚。

○ 荷荷芭油可依據皮膚類型替換成其他的植物油。
→ 參考 P.56

多功能護膚膏

Multi Balm

從兒童到敏感性皮膚的成人，都可以放心使用這款高濃縮多功能護膚膏。由於是可隨時塗抹於臉部和身上容易乾燥的嘴唇、眼角、手腳和橘皮組織等，因此重點是以安全的成分製作。

請裝在小尺寸的小鐵盒中隨身攜帶，覺得乾燥時就塗抹該部位，保持肌膚水潤。因為能即時保濕，所以在乾燥的秋冬季節使用率特別高。

成分含有柔軟的乳木果油和橄欖油，能為肌膚補充營養和水分，甜杏仁油則讓肌膚變得光滑。此外，荷荷芭油和乳木果油具有修復受傷皮膚、緩解搔癢的效果。被蚊蟲叮咬時也建議塗抹，作為鎮定搔癢的軟膏。

Herb Infused Oil

花草浸泡油

不僅能作為身體按摩油，還可以用於臉部、頭髮，是一款多功能的油。浸泡油是將花草中有藥效的脂溶性成分浸入植物油中。常作為浸泡油的代表性花草有金盞花、洋甘菊、胡蘿蔔根、山金車等。

其中金盞花是從古希臘羅馬時代就開始用於藥用和料理的花草，因含有大量黃酮成分，有卓越的抗菌、抗發炎功效，類胡蘿蔔素成分具有治療傷口和鎮定功效，對敏感肌膚也有幫助。

大部分的植物油都可以作為基底，尤其荷荷芭油在常溫下具有很高的氧化穩定性，可緩解搔癢，幫忙鎮定敏感肌膚，建議搭配金盞花效果更佳。

Bath Bomb

碳酸沐浴球

這款沐浴球的主要材料為俗稱小蘇打粉的碳酸氫鈉,弱鹼性的天然礦物成分,對人體無害,能中和酸性油污後輕易擦拭,也能吸附金屬離子,使水更加柔軟。

檸檬酸接觸到碳酸氫鈉時產生的碳酸氣體有助於血液循環,放鬆肌肉,促進皮膚代謝;接觸到小蘇打粉時,會發生酸鹼中和作用,對皮膚更溫和。碳酸沐浴球能同時清潔和保濕,放入一小杓溶入水中使用看看,應該會有泡溫泉的感覺。

Bath Bomb 碳酸沐浴球

Ingredients

。分量：300g。建議使用期限：1 年

分類	材料	容量	替代材料
粉末	碳酸氫鈉（小蘇打粉）	150g	
	無水檸檬酸	100g	
	玉米澱粉	40g	
油性	橄欖油	5g	植物油
水性	甘油	5g	可省略
香味	精油	6～10滴	可省略

Recipe note

○ 甘油是增添保濕的材料，亦可省略。

○ 橄欖油可依據皮膚類型替換成其他的植物油。
→ 參考 P.56

○ 若混合其他精油，就能增添不同的香味，有芳香療法的效果。

不同功效的精油推薦

睡眠、療癒、緩解壓力：甜橙、薰衣草、廣藿香、羅馬洋甘菊、橙花、天竺葵、檀香

活力：葡萄柚、甜橙、佛手柑、檸檬（與薰衣草1:1稀釋後使用）

幼兒：薰衣草、羅馬洋甘菊（稀釋至成人標準使用量的一半以下）

足浴：薄荷、留蘭香、檸檬、絲柏、茶樹、杜松子

異位性及敏感性皮膚：薰衣草、羅馬洋甘菊、德國洋甘菊、檀香

| **Equipment** | 0.1 電子秤、攪拌盆、燒杯、攪拌器、製冰盒、消毒用酒精 |

Process

1. 將所有工具和容器用酒精消毒後晾乾。

2. 將秤量後的粉末材料全部放入攪拌盆中。

3. 用攪拌器攪拌均勻，以免結塊。
    Tip 若沒有攪拌器，請用手攪拌。

4. 將橄欖油、甘油、精油放入燒杯，攪拌均勻後，倒
    在粉末上。

5. 用攪拌器攪拌均勻後，結塊的部分用手弄散攪拌，
    均勻溶解。

6. 倒入喜歡的造型製冰盒裡，再壓實。

7. 靜置一小時後脫模，裝入罐子裡。
    Tip 請記錄日期，確保在期限內使用。

How to use

○ 沐浴球容易受潮，請在乾燥處保管。

○ 在溫水中用一般湯匙倒入一勺（15mL），或在入
    浴時放入三顆。

注意事項

☑ 六歲以下兒童使用時請省略精油。

☑ 請避開刺激皮膚的精油。必須避免的精油：薄荷、迷
   迭香、尤加利、松樹、肉桂、檸檬草（足浴時可加入
   一滴薄荷和迷迭香）

☑ 精油中可選擇檸檬、柳橙、葡萄柚、萊姆等，與薰衣
   草1:1一起混合。

黑糖蜂蜜磨砂膏
Black Sugar Honey Scrub

具有去除角質效果的洗面乳或磨砂膏都含有塑膠微粒，會流入江河和大海污染環境，這件事曾經轟動一時。因為顆粒太細，無法過濾，所以直接排放到下水道，污染海洋。

我們可以利用家中使用的天然材料製作的簡易磨砂膏。黏稠的蜂蜜和黑糖顆粒可溫和去除老廢物質和角質，使肌膚紋理變得光滑水潤。黑糖富含無機物和礦物質，散發出特有的甜味。黑糖結晶比砂糖更大，適合作為磨砂膏使用。

Black Sugar Honey Scrub 黑糖蜂蜜磨砂膏

Ingredients

。分量：100mL。建議使用期限：3 個月

材料	容量	替代材料
黑糖	50g	鹽巴、咖啡渣
蜂蜜	25g	
荷荷芭油	18g	植物油
維生素E	2g	
山梨醇聚醚-30 四油酸酯	4g	可省略
精油	1g	可省略

Recipe note

○ 加入增溶劑山梨醇聚醚 -30 四油酸酯後，清洗後的觸感更光滑。

○ 也可以用咖啡渣取代黑糖，咖啡渣有豐富的抗氧化效果，不僅有助於去除角質，還有助於消除橘皮組織。將咖啡沖泡後剩下的咖啡渣曬乾後即可使用。

○ 也可以用鹽代替黑糖，鹽巴含有豐富的鈣、鎂、鉀、銅、鐵等礦物質，可消除皮膚發炎，刺激新陳代謝，緩解浮腫。建議使用海鹽或死海鹽，但因為顆粒比黑糖更粗，可能對臉部太刺激，所以請作為身體磨砂膏使用。

○ 若要簡便製作一次分量時，請將 2 匙黑糖＋1 匙蜂蜜＋1 匙植物油（橄欖油、葡萄籽油等）放入碗中攪拌均勻。

○ 荷荷芭油可依據皮膚類型替換成其他的植物油。
→ 參考 P.56

Equipment	0.1 電子秤、攪拌盆、攪拌棒或湯匙、容器、消毒用酒精

Process

1. 將所有工具和容器用酒精消毒後晾乾。

2. 材料秤量後裝入攪拌盆中攪拌均勻。

3. 裝入消毒過的容器中。
   Tip 請記錄日期，確保在期限內使用。

How to use

○　裝入有蓋的容器內，置於陰涼處保管。

○　在臉部或身體濕潤的狀態下塗抹，避開眼角和嘴角的部位，均勻按摩，十至十五分鐘後再用溫水沖洗，剩餘的油分就讓皮膚直接吸收。

All About Soaps 認識手工皂

手工皂的種類及特性

根據製作方法的不同，有不同種類的手工皂。本書會介紹CP手工皂、再生手工皂、弱酸性手工皂，以下將介紹各自的特性。

MP皂：Melt & Pour Soap融化再製皂

將已經完成的手工皂基底熔化，加入想要的色素、香味和其他添加劑，以「融化再製」的方式製作。因為不需要處理氫氧化鈉，所以適合初學者安全地製作。手工皂無需熟成，製造後即可使用。

手工皂（又稱CP皂）：Cold Process Soap冷製皂

在低溫下混合油與氫氧化鈉，就是以低溫法製造，是代表性的天然手工皂。在平均四五十度的低溫下，將油和氫氧化鈉混合，大約過一天左右，手工皂就完成了。雖然會根據手工皂的不同而有差異，但通常會在製作後經過四週左右的乾燥過程，讓水分蒸散，提高手工皂的密度。切好的手工皂請放在通風且不會照到陽光的層板上保管。天氣潮濕時，建議使用除濕劑。

HP皂：Hot Process Soap熱製皂

在高溫下混合油與氫氧化鈉，就是以高溫法製造，會在六十度以上的溫度攪拌，製成透明手工皂或液態皂。HP皂不像CP皂那樣需要乾燥與熟成的時間，可以立刻使用。

再生手工皂：Rebatching Soap

將低溫法製造的手工皂切割、熔化後，重新塑造成新的手工皂。製作手工皂時剩餘的邊角不要扔掉，可以收集起來重新加熱後製作，因此可以製作成更溫和的手工皂。

弱酸性手工皂：Bar Type Soap

天然固態手工皂使用的是氫氧化鈉（強鹼），無法製成弱酸性。弱酸性手工皂是由植物的弱酸性界面活性劑與其他添加物混合而成。可以揉捏成麵糰形狀，製作起來非常方便，製作後可立即使用。弱酸性手工皂的pH值近似皮膚、毛髮，所以能使皮膚與毛髮維持弱酸性，更加健康。

製作手工皂前的大小事

低溫法製作的手工皂要經過幾個階段。事先瞭解以下6個「關鍵字」就能快速上手。

①皂化

將基底油與氫氧化鈉水溶液混合後，生成手工皂和甘油的過程稱為「皂化」。

②攪拌溫度

混合不同物理或化學性質的物質的狀態稱為攪拌。攪拌溫度是指油和氫氧化鈉攪拌後，適合發生皂化反應的溫度。手工皂的攪拌溫度雖然會根據不同的油而略有差異，但通常是在35～40度左右。

③皂化值（氫氧化鈉值）

指用1g的油製造手工皂時所需的氫氧化鈉或氫氧化鉀的克數。不同的油會有不同的皂化值。→ 參考P.222各種油類皂化值及計算方法

④Trace（痕跡）

油與氫氧化鈉水溶液混合後，在攪拌的過程中，液體會逐漸變得濃稠，而皂液表面留下痕跡的狀態即為Trace（痕跡）。在太稀的狀態下不容易皂化，所以達到適當的Trace很重要。舉起矽膠刮刀時，若手工皂液會滴下形成痕跡，就能確認達到了Trace階段。為了達到Trace階段，需要用矽膠刮刀或手持攪拌棒輪流反覆攪拌。

⑤保溫

若要讓手工皂穩定進行皂化，就要將溫度維持在27～30度左右。如果周圍環境低於這個溫度，就要在皂液倒入模具後，蓋上毛毯，放入箱內保溫。

⑥乾燥

皂化完成的手工皂在使用前需放在通風良好的陰涼處，使水分蒸散。雖然會根據配方而有差異，但一般製作手工皂時，需要四週左右的時間讓水分消失。含有大量飽和脂肪酸的手工皂，可能需要一天到一週的乾燥時間。

弱酸性手工皂：讓皮膚和頭髮健康地維持平衡

皮膚和頭髮的功能與產品酸性程度密切相關。為了保持這種平衡，需要仔細控管洗臉產品和保濕產品等外部刺激。本書中介紹的洗髮皂、沐浴皂、洗臉皂等均製成弱酸性手工皂，能維持皮膚和頭髮的pH值。

酸性					中性						強鹼性		
1	2	3	4	5	6	7	8	9	10	11	12	13	14
	檸檬 pH2.0		咖啡 pH4.5	人體皮膚和頭髮pH5.5		小狗 pH7.0～7.5	一般洗髮皂 pH8.5		燙髮劑 pH10.0	染髮劑 pH11～12		漂白水 pH13	

pH是什麼呢？

pH值（Percentage of Hydrogen）是將氫離子濃度以容易閱讀的數值化呈現，在1～14範圍內分為：中性為pH7、酸性為pH1～6、鹼性為pH8～14。皮膚和頭皮的pH值會受到種族、性別、年齡、季節等多重因素的影響，但一般健康皮膚的pH值為5.5的弱酸性。

皮膚要維持在適當的pH值，內部才會有水潤感，外面也才會被酸性保護膜覆蓋，避免皮膚受到各種細菌和有害環境的侵害。油性皮膚的pH值越低，皮脂分泌就會越旺盛；異位性皮膚炎、敏感性皮膚、痘痘肌、乾性皮膚的pH值越高，就越無法阻擋細菌侵害。

為什麼要使用弱酸性清潔產品

就算皮膚受到外界刺激而暫時破壞pH值平衡，身體也會有調節機制能自然恢復的功效。但如果是過度酸化或鹼化的皮膚，就需要很長的時間回到原來的皮膚狀態，在細菌侵入時也無法妥善阻止，非常脆弱。大部分泡沫型的洗面乳或洗髮精等，都是用pH值較高的鹼性成分去除油脂，過度清潔會破壞能保護皮膚的酸性保護膜，也會破壞平衡。

尤其是構成頭髮和皮膚的「角蛋白」，這種蛋白質在鹼性的環境中非常脆弱，如果長時間接觸鹼性，就會失去水分，即使受到小刺激也容易受損。弱酸性清潔產品可保持pH平衡，打造健康肌膚和頭皮。

Re-Batching Soap

再生手工皂

081

「再生手工皂」是將低溫法製造的手工皂邊角等重新融化後製成的手工皂。就連用到後來變小或破裂的手工皂碎片，也能回收，既節省又環保，是實現「零廢棄運動」清潔用品典範。

由於沒有使用氫氧化鈉，所以沒有危險因子，只要有手工皂邊角就可以製作，初學者也可以輕鬆挑戰。可以在凝固之前添加香味，製作出配合自己喜好的手工皂。

由於是以天然手工皂為原料，所以pH值穩定，不會有不必要的廢棄物排出，對環境也有好處。在二次加熱的過程中，手工皂會變得溫和，產生柔軟的泡沫，所以使用時的滿意程度也會很高。

111

Re-Batching Soap 再生手工皂

。500mL。建議使用期限：1 年

Ingredients

材料	容量	替代材料
手工皂邊角	450g	
精油	2～3g	可省略
蒸餾水	20～30g	

Recipe note

○　可添加喜歡的香味或需要的功效的精油。 → 參考 P.40

Equipment

0.1 電子秤、立體刨刀或切刀、電熱板、燒杯、刮刀、500mL 手工皂模具或牛奶盒

Process

1. 可以用立體刨刀將準備好的手工皂邊角磨碎或切成小塊。

2. 手工皂裝滿燒杯的三分之二，再倒入蒸餾水，水位足以覆蓋到手工皂底部高度。
   Tip 基本上，蒸餾水的添加量會依據手工皂的水分含量而改變。

3. 可以將燒杯放在電烤盤上，用 50 ～ 60 度的低溫慢慢熔化。

4. 底層開始變透明後，每三分鐘攪拌、翻動一次，以免底部燒焦。

5. 整體變透明後，就從電烤盤上移開，加入香味，攪拌均勻。

6. 裝入手工皂模具中或揉成想要的形狀。

7. 切成適當大小後，在陰涼通風處乾燥二週左右。之後用紙包好，置於乾燥陰涼處保存。

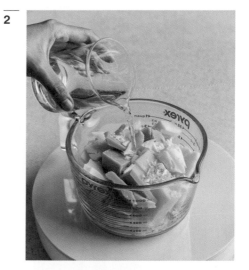

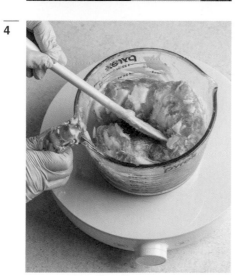

洗髮手工皂
Shampoo Bar

頭皮比我們所想的還要敏感，頭皮上的毛孔比皮膚更大，數量也更多，所以很容易吸收化學物質。

市面上的洗髮精含有矽靈、人工香料、人工色素、對羥基苯甲酸酯與硫酸鹽類的界面活性劑等化學成分，會對頭皮造成刺激。如果頭皮的油水平衡被破壞而出現問題、發癢或是毛髮變細，建議使用弱酸性、較不刺激的洗髮產品，有助於讓pH值恢復。

自製手工皂的優點是能按照自己的頭皮狀況選擇適當的材料，如果你是一天沒洗頭，頭皮就會發癢出油的油性頭皮，就可以加入綠泥，它能有效吸附油脂並排出老廢物質，深入清潔毛孔。

蕁麻萃取物廣為人知的好處是，用在潤絲上能促進毛髮生長，加在洗髮產品裡就能有效去除頭皮角質。此外，若添加生物素（又稱維生素H）和迷迭香水，就有助於防止掉髮。

Shampoo Bar for dry scalp 乾性頭皮洗髮皂

。分量：106g。建議使用期限：1 年

Ingredients

分類	材料	容量	替代材料
粉末	椰油酸羥乙基磺酸鈉（SCI）	50g	
	玉米澱粉	10g	
	燕麥粉	7g	艾草粉
	摩洛哥堅果油	8g	乳木果油、山茶花油
液體	椰油醯甘氨酸鉀（PCG）	8g	
	烷基聚葡萄糖苷	5g	
	甘油	10g	
	D-泛醇	2g	可省略
	絲胺酸	2g	可省略
	積雪草萃取物	2g	
	1,2-己二醇	1g	EURO-NApre
	精油	1g	可省略

Recipe note

○ 燕麥保濕效果很好，積雪草萃取物鎮定效果很好，兩者能讓頭皮保持健康。

○ 椰油酸羥乙基磺酸鈉（Sodium Cocoyl Isethionate）是以椰子油萃取出的脂肪酸與羥乙磺酸混合成的弱酸陰離子界面活性劑，這種界面活性劑刺激少，清潔力卻很好，常製成能有效吸收老廢物質的弱酸性手工皂。

○ 椰油醯甘氨酸鉀（Potassium Cocoyl Glycinate）是萃取自椰子的植物性界面活性劑，生物降解性（可被微生物分解回歸自然）高達百分之九十八，是清潔力非常強的「陰離子」界面活性劑，起泡力與維持力很好，且較不刺激，能製作出洗完頭之後相當清爽的洗髮皂。

○ 烷基聚葡萄糖苷（Lauryl Glucoside）是萃取自椰子油、玉米澱粉或馬鈴薯澱粉的非離子界面活性劑，常常被用來製作有機洗髮產品，能產生較不刺激且細緻的泡沫。

○ 保濕效果好的精油：檀木、薰衣草、天竺葵、玫瑰草、廣藿香。

護髮 / 護膚手工皂

Treatment Bar

使用弱酸性洗髮皂時，不另外使用潤絲精或護髮產品，也能維持適當的pH平衡，保護頭皮和毛髮的健康。但如果擔心靜電或是想為頭髮補充營養，建議搭配護髮皂使用。

市面上的潤絲精或護髮產品可能含有對羥基苯甲酸酯和矽油，這些成分不易分解，不僅會污染環境，還會累積在體內，造成健康問題。

乳木果油和山茶花油能使頭髮變得柔軟，芸苔油醇（Brassica Alcohol）能增添潤澤感，請添加這些材料的護髮皂使用看看。這款護髮皂不會產生很多泡沫，所以比起清潔力，補充營養的功效更強。不僅能用在頭髮上，還能用在身體上滋潤皮膚。均勻塗抹於頭部和身體後，再用水輕輕沖洗乾淨即可。

Treatment Bar ✳ 護髮 / 護膚手工皂

。分量：104g。建議使用期限：1 年

Ingredients

分類	材料	容量	替代材料
油性液體	山茶花油	10g	摩洛哥堅果油、蓖麻油
	維生素E	1g	
油性固體	芸苔油醇	20g	
	乳木果油	25g	芒果脂
	可可脂	10g	
	蜂蠟	20g	堪地理拉蠟
液體	水溶性橄欖液	10g	
	烷基聚葡萄糖苷	2g	
	甘油	3g	
	D-泛醇	2g	
	精油	1g	

Recipe note

○ 芸苔油醇：將油菜花脂肪酸與甘蔗發酵後，與米的發酵產物「異白胺酸」結合而成的植物性界面活性劑，是陽離子界面活性劑，能中和洗髮後殘餘的陰離子界面活性劑，防止靜電，維護毛髮健康。添加甘油後，有助於乳化的穩定性。

○ 對毛髮好的精油：迷迭香、薄荷、葡萄柚、依蘭、薰衣草、天竺葵、快樂鼠尾草、大西洋雪松、柳橙、檸檬、萊姆、佛手柑

Equipment	0.1 電子秤、電熱板、燒杯、攪拌棒、模具、消毒用酒精

Process

1. 將所有油性液體材料與油性固體材料秤量後裝入燒杯中備用。
   Tip 將所有工具和容器事先用酒精消毒後晾乾。

2. 將步驟 1 放在電熱板上加熱到七十度左右，以低溫熔解。

3. 將所有液體材料裝入另一個燒杯後攪拌。

4. 將步驟 2 熔解的油性材料倒入步驟 3 的液體材料後，攪拌均勻。

5. 倒入模具，等待凝固。
   Tip 凝固後可立即使用。

How To Use

○ 洗髮後將手工皂塗抹在髮尾上，輕柔按摩，等待三分鐘左右，使營養充分吸收再用水沖洗。

○ 沐浴後將手工皂均勻塗抹在身體上，按摩後再用水沖洗乾淨。無需另外塗抹乳液也能保持水潤。

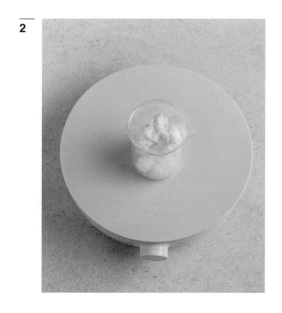

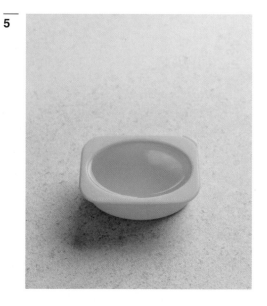

Bodywash Bar

沐浴手工皂

市面上使用合成的界面活性劑的沐浴用品會去除身體必須的皮脂膜，反而會使皮膚變得乾燥。弱酸性沐浴手工皂可恢復肌膚的pH平衡，讓肌膚屏障恢復彈性，由於是從植物油和天然材料中萃取的粉末，可期待出現各樣的效果。

薄荷醇能帶來清涼感，若在夏季使用這款沐浴皂，就會有更好的涼爽效果；乳木果油加入手工皂後，能提供良好的保濕效果；米糠和纖維素加在深層清潔皂裡，能去除老廢角質，打造細滑肌膚，一起製作出沐浴皂、保濕皂和深層清潔皂，體驗多種配方的樂趣。

薄荷清爽沐浴皂DIY

CHAPTER 2

Cooling
Bodywash Bar

薄荷清爽沐浴皂

Ingredients

。分量：103.5g。建議使用期限：1 年

分類	材料	容量	替代材料
粉末	椰油酸羥乙基磺酸鈉（SCI）	48g	
	玉米澱粉	13g	
	爐甘石粉	2g	礦泥、綠豆粉
固體	薄荷醇	0.5g	
液體	蒸餾水	10g	
	椰油醯甘氨酸鉀（PCG）	8g	
	烷基聚葡萄糖苷	5g	
	甘油	5g	
	D-泛醇	2g	可省略
	1,2-己二醇	1g	EURO-NApre
	杏桃仁油	8g	綠茶籽油、葵花籽油、葡萄籽油、荷荷芭油
	精油	1g	可省略

Recipe note

○ 薄荷醇是由薄荷精油加工而成的，適量使用可降低熱感，緩解搔癢，清潔後的感覺也很好；但過度使用反而會發熱、發癢，請務必遵守使用限度（洗髮和身體產品添加 0.1 ～ 0.5%）。

○ 爐甘石粉有助於緩解搔癢或汗疹。

○ 具有清潔、除臭效果的精油：迷迭香、薄荷、檸檬、絲柏、山雞椒、留蘭香、萊姆、檸檬草、薰衣草、茶樹、尤加利

Equipment　0.1 電子秤、電熱板、攪拌盆、燒杯、刮刀、消毒用酒精

Process

1. 將所有粉末材料裝入攪拌盆後，攪拌均勻。
   Tip 將所有工具和容器事先用酒精消毒後晾乾。

2. 將蒸餾水和薄荷醇裝入燒杯之中，放在電熱板上加熱熔解。

3. 將其餘液體材料裝入另一個燒杯後攪拌均勻。

4. 將步驟 3 的液體材料倒入步驟 2 熔化的薄荷醇中，攪拌均勻。

5. 將步驟 4 的攪拌物倒入步驟 1 的攪拌盆。

6. 用刮刀持續攪拌，直到粉末都消失，形成一團為止。

7. 若覺得攪拌物太鬆軟，可將攪拌物聚在碗的一側，靜置三至五分鐘。

8. 若攪拌物已乾到不會黏手，就能製成喜歡的形狀，然後在陰涼處風乾一至兩小時。

How To Use

○ 可以用濕潤的手搓揉起泡，或放入沐浴球之後搓出泡沫洗澡。

○ 由於是用攪拌物製成的，可能會在水分蒸發的同時裂開，但使用上沒有太大的問題。

Moisture Bodywash Bar 保濕沐浴皂

。分量：102g。建議使用期限：1 年

Ingredients

分類	材料	容量	替代材料
粉末	椰油酸羥乙基磺酸鈉（SCI）	50g	
	玉米澱粉	10g	
	尿囊素	3g	燕麥粉
粉末	乳木果油	10g	植物油
液體	椰油醯甘氨酸鉀（PCG）	7g	
	烷基聚葡萄糖苷	5g	
	甘油	2g	
	D-泛醇	5g	可省略
	玻尿酸	5g	
	1,2-己二醇	1g	EURO-NApre
	精油	1g	可省略

Recipe note

○ 若使用乳木果油等固體材料，請勿在熔解後立即加入，請先將粉末與液體混合，再加入已熔解的固體材料。

○ 有助於保濕的精油：薰衣草、玫瑰草、依蘭、天竺葵、檀香、洋甘菊

Deep Cleansing Body wash Bar 深層清潔沐浴皂

。分量：106g。建議使用期限：1 年

Ingredients

分類	材料	容量	替代材料
粉末	椰油酸羥乙基磺酸鈉（SCI）	50g	
	玉米澱粉	15g	可省略
	米糠	3g	
	纖維素	2g	
液體	橄欖油	13g	植物油
	椰油醯甘氨酸鉀（PCG）	5g	
	烷基聚葡萄糖苷	5g	
	甘油	8g	
	D-泛醇	3g	可省略
	1,2-己二醇	1g	
	精油	1g	可省略

Recipe note

○ 此款皂含有米糠和植物纖維「纖維素」，能去除老廢角質、深層清潔，打造健康且有光澤的肌膚。

○ 推薦沐浴皂添加的精油：薰衣草、洋甘菊、天竺葵、玫瑰草、依蘭、廣藿香、檀香、柳橙、萊姆、檸檬、佛手柑、苦橙葉、雪松

臉部清潔手工皂

Face Cleanser Bar

皮膚在弱酸性時，油水平衡最穩定。鹼性洗臉產品清潔力雖然很強，卻會刺激敏感的肌膚。弱酸性洗面皂能維持與健康肌膚相近的pH平衡，盡可能減少肌膚刺激，溫和地清潔肌膚，打造水潤肌膚。可以透過改變材料，製造出適合乾性、油性、痘痘型、敏感性等多種皮膚類型的弱酸性手工皂。

以下將介紹各種功效的洗臉皂，基本的洗臉皂會添加橄欖油和玻尿酸，讓皮膚在洗完臉之後保持不緊繃；乾性皮膚洗臉皂會加入富含維生素和礦物質的南瓜粉，讓皮膚在洗臉後水潤明亮；油性皮膚洗臉皂添加的礦泥能深層清潔黑頭和毛孔的老廢物質；痘痘肌洗臉皂的魚腥草萃取物能鎮定肌膚問題；敏感性肌膚用的洗臉皂含有洋甘菊水，能減少刺激，有效緩解肌膚泛紅。

Face Cleanser Bar
for dry skin

乾性皮膚
洗臉皂

Ingredients

。分量：114g。建議使用期限：1 年

分類	材料	容量	替代材料
粉末	椰油酸羥乙基磺酸鈉（SCI）	55g	
	尿囊素	10g	
	南瓜粉	7g	積雪草、燕麥粉
油性固體	乳木果油	10g	
液體	橄欖油	5g	
	椰油醯谷氨酸鈉（SCG）	5g	
	烷基聚葡萄糖苷	5g	
	玫瑰水	5g	
	甘油	5g	
	D-泛醇	2g	可省略
	玻尿酸	3g	
	1,2-己二醇	1g	EURO-NApre
	精油	1g	可省略

Recipe note

○ 這款手工皂含有能滋養肌膚的乳木果油和橄欖油，能打造出柔嫩水潤的肌膚。富含維生素和礦物質的南瓜粉可保護肌膚，提亮膚色。

○ 乾性皮膚推薦使用的精油：檀香、薰衣草、天竺葵、玫瑰草、廣藿香

○ 椰油醯谷氨酸鈉（Sodium Cocoyl Glutamate）是萃取自椰子的植物性界面活化劑，對皮膚溫和不刺激，主要用於敏感性皮膚、嬰兒用洗臉產品。

Pet Shampoo Bar

寵物洗髮皂

寵物皮膚和毛髮的pH值大約是6.2～7.2之間，根據品種的不同，可能是中性至弱鹼性。牠們的皮膚比人類弱酸性的皮膚更容易繁殖細菌。另外，寵物的表皮層較薄，毛孔較大，滲透性良好，所以更容易吸收清潔劑之中的化學成分毒性。

萬一皮膚和毛髮有疾病或問題，pH值可能會再上升，因此建議使用弱酸性的產品來調節這點；如果有脂漏性皮膚炎或需要較強的清潔力，建議使用中性或弱鹼性的產品。最好能根據寵物皮膚和毛髮狀況交替使用，幫助寵物的皮膚和毛髮變得健康。

Pet Shampoo Bar for troubled skin
寵物問題肌與毛髮專用

。分量：102.3g。建議使用期限：1 年

Ingredients

分類	材料	容量	替代材料
粉末	椰油酸羥乙基磺酸鈉（SCI）	50g	
	玉米澱粉	3g	
	尿囊素	8g	
	燕麥粉	3g	金盞花粉
油性固體	乳木果油	5g	
液體	荷荷芭油	8g	
	椰油醯甘氨酸鉀（PCG）	5g	
	烷基聚葡萄糖苷	3g	
	薰衣草水	5g	洋甘菊水
	甘油	8g	
	D-泛醇	1g	
	絲胺酸	1g	
	積雪草萃取物	1g	
	1,2-己二醇	1g	EURO-NApre
	精油	0.3g	可省略

Recipe note

○ 寵物推薦使用的精油

一般：薰衣草、玫瑰草、洋甘菊、檀香、橘子

除臭：廣藿香、天竺葵

Pet Shampoo Bar for deep cleansing

寵物深層清潔洗髮皂

。分量：102.5g。建議使用期限：1 年

Ingredients

分類	材料	容量	替代材料
粉末	椰油酸羥乙基磺酸鈉（SCI）	48g	
	玉米澱粉	5g	
	尿囊素	8g	
	碳酸氫鈉（小蘇打粉）	2g	
	綠泥	3g	粉紅泥
液體	荷荷芭油	10g	
	椰油醯甘氨酸鉀（PCG）	5g	
	烷基聚葡萄糖苷	3g	
	薰衣草水	5g	
	甘油	10g	
	D-泛醇	1g	
	絲胺酸	1g	
	1,2-己二醇	1g	EURO-NApre
	精油	0.5g	可省略

Recipe note

○ 寵物若在散步後有嚴重髒污或散發出臭味時，建議使用寵物深層清潔洗髮皂，裡面添加吸附老廢物質和毒素的綠泥，以及有助於清潔和除臭的小蘇打粉，可以讓心愛的寵物真正地洗乾淨。

| **Equipment** | 0.1電子秤、攪拌盆、燒杯、刮刀、消毒用酒精 |

Process

1. 將所有粉末材料裝入攪拌盆中，攪拌均勻。
   Tip 將所有工具和容器事先用酒精消毒後晾乾。

2. 將所有液體材料裝入燒杯並攪拌均勻。

3. 將步驟 2 的液體材料倒入步驟 1 的攪拌盆中。
   Tip 添加如乳木果油的固態材料時，請先混合粉末材料與液態材料，另外熔解乳木果油後再加入。

4. 用刮刀持續攪拌，直到粉末都消失，形成一團為止。

5. 若覺得攪拌物太鬆軟，可將攪拌物聚在碗的一側，靜置三至五分鐘。

6. 若攪拌物已乾到不會黏手，就能製成喜歡的形狀，然後在陰涼處風乾一至兩小時。

How To Use

○ 用溫水充分浸濕毛髮後，搓揉洗髮皂，或放入起泡網搓出泡沫。

○ 由於是用攪拌物製成的手工皂，可能會在水分蒸發的同時裂開，但使用上沒有太大的問題。

注意事項

☑ 使用精油時，僅限下列寵物可使用的精油。
寵物可使用的精油：薰衣草、羅馬洋甘菊、德國洋甘菊、橘子、柳橙、佛手柑、乳香、胡蘿蔔籽、沒藥、廣藿香、快樂鼠尾草、橙花、馬鬱蘭、檀香、天竺葵、蠟菊

☑ 貓可能會對下列精油更敏感，建議省略。如果使用，建議只添加少量。
貓咪可使用的精油：薰衣草、馬鬱蘭、廣藿香、羅馬洋甘菊、德國洋甘菊、檀香

☑ 五個月以下的幼犬、老犬、懷孕或生病的寵物，請勿使用精油。

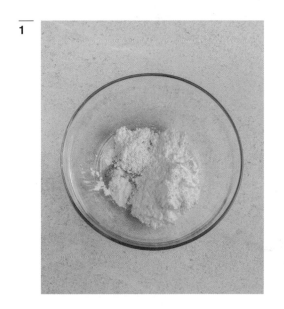

低溫皂

Cold Process Soap

用傳統的低溫法製作手工皂時，需要的基本材料非常簡單：水、脂類（油）和強鹼（氫氧化鈉），這三種可以說是手工皂的基本成分。強鹼會將脂類分解成脂肪酸鏈，經過凝固的皂化過程後，留下具有保濕效果的天然甘油。低溫製作時，可將植物油含有的有效成分留在手工皂中，也能添加精油，增添淡淡的香味。

低溫皂的製作方式會比混合材料製作的弱酸性手工皂稍微複雜，處理強鹼時需要特別注意。但是低溫皂能以最大的限度排除化學成分，製作出忠於天然成分本質的手工皂，也能製作多種款式的手工皂，只要學會了，就能享受更多製作手工皂的樂趣。

處理氫氧化鈉時的注意事項

1. 佩戴手套、護目鏡、圍裙以及口罩等防護裝備，再開始作業。

2. 氫氧化鈉（Sodium hydroxide）是典型的強鹼，是能腐蝕其他物質的危險物質，因為連蛋白質也能分解，所以不能直接用手觸摸。氫氧化鈉是固體結晶狀態，為了便於產生化學反應，會將其溶於水製成水溶液。氫氧化鈉遇水會發熱、冒煙，具有毒性，絕對不能吸入或進入眼睛。

3. 氫氧化鈉一定要加在水中。如果直接把水倒入氫氧化鈉，溫度會突然上升，氫氧化鈉會沸騰溢出或產生很多氣體，非常危險。

4. 溶解氫氧化鈉時應使用純淨的水，建議使用蒸餾水或純水，不得已時則使用礦泉水或過濾水。如果是自來水，可以煮沸一次，待冷卻後使用，但盡量使用蒸餾水。

5. 處理氫氧化鈉的容器可以選擇不鏽鋼、塑膠、木頭或玻璃材料，鋁和其他金屬會和氫氧化鈉發生作用，因此絕對不能使用。

6. 氫氧化鈉或氫氧化鈉水溶液接觸皮膚時，應立即洗淨，塗抹植物油，鎮定皮膚，嚴重時必須馬上就醫。

製作氫氧
化鈉
水溶液

1

在有蓋子的耐熱容器中裝入秤好重
量後的蒸餾水，再秤取定量的氫氧
化鈉，倒入蒸餾水中。
小心！一定要將氫氧化鈉倒入蒸餾
水中。

2

迅速蓋上容器的蓋子，持續晃動
瓶身，直到沉入底部的氫氧化鈉
全部溶解。

3

待氫氧化鈉完全溶解後，繼續蓋
著蓋子放置十分鐘左右，或放入
冷水中冷卻。

4

一定要等灰濛濛的氫氧化鈉水溶
液變成透明後再打開蓋子。等溫
度降至所需溫度後，就能用於製
作手工皂。

椰子卡斯提亞皂

Coconut Castile Soap

這是純粹利用椰子油這個單一材料、以傳統的低溫法製成的手工皂。僅加入飽和脂肪酸的代表油——椰子油，所以比其他手工皂的清潔力更強，能形成又硬又大的泡沫，有助於深層清潔，洗完後相當乾爽，適合作為洗手用，也可作為油性皮膚洗臉皂。

飽和脂肪酸椰子油皂化速度快，倒入模具三、四小時後即完成，乾燥時間短，次日起即可使用。

Coconut Castile Soap 椰子卡斯提亞皂

Ingredients

。分量：1kg。建議使用期限：2 年

分類	材料	用量
油性	椰子油	750g
強鹼	氫氧化鈉	142g
水	蒸餾水	247g（33%）
香味	精油	10g（可省略）

Recipe note

○ 椰子油可提升清潔力，製造豐富的泡沫，使手工皂變得堅固。

○ 注意，油與氫氧化鈉發生皂化反應的攪拌溫度為 35 ～ 40 度。

○ 請事先將氫氧化鈉溶於蒸餾水中，製成氫氧化鈉水溶液。一般來說，蒸餾水的量為油總量的 30% ～ 33%，但用椰子油製成的手工皂，會形成堅硬的手工皂，所以加入蒸餾水的比例為油的 33%。

7

8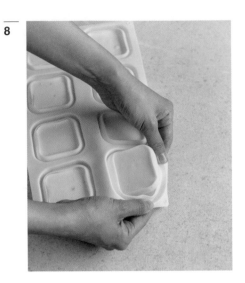

~~~~~~~~~~~~~~~~~~~~~~~~~~~~

注意事項

☑ 沾有手工皂液的工具請用
　報紙或抹布徹底擦拭後，
　用熱水清洗再晾乾。

Olive Marseille Soap 橄欖馬賽皂

Ingredients

。分量：1kg。建議使用期限：2 年

分類	材料	用量
油性	椰子油	140g
	乳木果油	70g
	橄欖油	540g
強鹼	氫氧化鈉	108g
水	蒸餾水	210g（28%）
香味	精油	10g（可省略）

Recipe note

○ 壓榨橄欖果實後獲得的優良油品，為代表性的單不飽和脂肪酸，保濕力卓越，氧化穩定較高。

○ 若加入常溫下維持固態的乳木果油，就能改善手工皂的硬度，讓保濕力持久，對異位性皮膚炎或乾性皮膚效果顯著。

○ 椰子油可提升清潔力，製造豐富的泡沫，使手工皂變得堅固。

○ 由於椰子油用量較少，手工皂可能會變軟，所以蒸餾水的比例為油的 28%。

○ 注意，油與氫氧化鈉發生皂化反應的攪拌溫度為 45 ～ 50 度。

Zero Waste Living Idea

零廢棄天然清潔成分

若親自製作洗衣劑、洗碗皂、牙膏、抗菌噴霧等，就能減少家裡產生的塑膠瓶，遠離有害成分，保持身體健康。另外，如果善加利用常見食材或廢棄的水果皮等，就能過著環保的生活。

白醋

杯子清洗後，有殘留的水漬能輕易被酸性物質分解，所以最後沖洗時，滴幾滴醋再沖洗即可。

粗鹽

杯中若有不容易擦去的污漬，可以先在杯中倒入少許的水再撒點粗鹽，接著用刷子或菜瓜布刷洗，污漬就容易在研磨作用下清除。

馬鈴薯皮

馬鈴薯皮含有澱粉，可有效去除水垢。用馬鈴薯皮擦拭杯子、茶壺、水槽、水龍頭等處，就會發現變乾淨了。

咖啡渣

咖啡渣能發揮天然研磨劑的作用。用咖啡渣搓揉污漬就能去除。請將沖泡咖啡後剩下的咖啡渣晾乾，妥善利用。

蘋果皮

在燒焦的鍋中加入蘋果皮和水，煮五到十分鐘後再用菜瓜布刷洗，就更容易去除燒焦的痕跡，因為蘋果皮的有機酸能有效分離燒焦痕跡。

檸檬皮、柳橙皮

光是把香味清爽的柑橘皮放在室內就有除臭和芳香的效果。如果沒有扔掉，而是放在鞋櫃或廚房，就會成為天然芳香劑。若想盡快發揮效果，只要把柑橘皮在水中煮一分鐘左右，就能消除家中的異味。檸檬皮中的檸檬酸有殺菌、清潔等效果，用檸檬皮擦拭瓦斯爐或碗盤，就能去除油污。

橘子皮

橘子皮白色的部分富含強化毛細管的維生素P，可以將橘子皮洗淨曬乾後泡茶來喝。橘子皮中的檸檬烯會讓皮膚變得柔軟光滑，也可用作沐浴球。做完魚類料理後，若在平底鍋放入適當的橘子皮和水再煮沸，就能消除魚腥味。

香蕉皮

用香蕉皮擦拭天然皮革製成的鞋子或包包等物品，再用乾淨的布擦拭，即可恢復光澤。

鳳梨皮

臉部輕輕揉搓鳳梨皮內側，過十至十五分鐘後再洗臉。鳳梨含有AHA（果酸）的成分，可去除角質，提亮膚色。

環保粉末洗衣劑
Laundry Powder

我們一般使用的洗衣劑常添加石油系的化合物「硫酸鹽類」的合成界面活性劑，以製造出豐富的泡沫和價格低廉的商品長期占據市場，但是這個成分難以被微生物分解，而且流入河川後，會阻斷陽光和氧氣進入水中，成為水質污染的主因。另外，洗衣劑殘餘的毒性會刺激皮膚，影響皮膚屏障。

氧系漂白劑「過碳酸鈉」、能有效清潔除臭的「小蘇打粉」、具有柔軟衣物效果的「檸檬酸鈉」等，這些都是有助於環保生活的材料，請利用這些材料製作清潔劑。不僅配方簡單、清潔力強，還能安心使用。添加EM菌原液將有助於去除異味，還可以改善水質。

碳酸氫鈉
pH8

具有清潔除臭功效，又稱為小蘇打粉。常溫下呈白色粉末狀，微苦微鹹，具有研磨及吸附效果，用於去除臭味及清潔。大眾熟知的方法是與檸檬酸或醋混合使用，但混合後鹼性會減弱，清潔效果可能不如預期。

過碳酸鈉
pH10

是鹼性的氧系漂白劑。過碳酸鈉是由碳酸鈉與過氧化氫反應後的結晶。過碳酸鈉遇水會分解，同時產生能殺菌、消毒和漂白的氧氣。氧化作用可去除污漬或達到漂白效果。但是，過碳酸鈉不易溶於冷水，請放入溫水中使用，特別注意的是，使用時避免清洗中性洗衣劑專用的衣物。

無水檸檬酸
pH3

檸檬酸是柑橘或蔬菜中含有的有機酸，用於賦予食品酸味，具有防腐功效，是天然穩定劑。無水檸檬酸的純度比含水檸檬酸更高，沒有水分，結塊少。在保養品中也會當成酸度調節劑及防腐劑，還會作為中和鹼性成分的中和劑。

檸檬酸鈉
pH6

檸檬酸的鈉鹽成分稱為檸檬酸鈉，是無臭、清爽、帶有鹹味的白色粉末，常見於酸味水果或果汁中。檸檬酸鈉清潔力優於酸性的檸檬酸，對皮膚的刺激較小，適合長時間保存。檸檬酸鈉能發揮天然衣物柔軟劑的效果，不會損傷衣料，就算與小蘇打粉、過碳酸鈉、檸檬酸一起使用，也不會產生起泡的化學反應，保留了各項洗衣劑的優點。

EM菌原液

EM的意思是「有效微生物群」，通常含有酵母、乳酸菌等八十多種微生物，具有抗氧化、消除惡臭、防止金屬和食品氧化等效果；可加水稀釋後製成發酵液使用，或是直接將原液加入粉末中。

綠茶萃取物

將茶樹樹葉放入乙醇、丁二醇（甘蔗發酵後萃取的一種有機醇）混合液後萃取而成，作為抗氧化劑、潤濕劑、柔軟劑。

Laundry Powder 環保粉末洗衣劑

。分量：418g。建議使用期限：2 年

Ingredients

分類	材料	容量
粉末	碳酸氫鈉（小蘇打粉）	200g
	過碳酸鈉	200g
	檸檬酸鈉	5g
液體	EM菌原液	5g
	椰油基葡糖苷	5g
	精油	3g

Recipe note

○ 椰油基葡糖苷是衍生自椰子油的界面活性劑，藉由混合水、油以及老廢物質達到清潔功效。成分溫和安全，常用於替代石油系的界面活性劑。

○ 如果想增加香味，可添加精油。推薦具有抗菌作用的檸檬、萊姆、尤加利等。

Equipment

0.1 電子秤、攪拌盆、燒杯、攪拌器或刮刀、托盤、容器、消毒用酒精、篩網

Process

1. 將粉末材料和液體材料各自混合。
   Tip 將所有工具和容器事先用酒精消毒後晾乾。

2. 接著，將液體材料倒入粉末材料中。
   Tip 若想增添香味，請添加精油。

3. 用攪拌器或刮刀攪拌均勻，以免結塊。

4. 在托盤上鋪平，讓水分蒸散。

5. 過篩後裝入已消毒的容器裡。
   Tip 若擔心濕氣，可添加矽膠後保存。

How to use

○ 請不要投入洗衣機的洗劑盒，而是直接放在洗滌衣物的地方。

○ 以 10 公斤的滾筒洗衣機來說，放入一杯燒酒（50 毫升）分量的洗衣劑最適合。

○ 推薦使用 40 ～ 50 度以上的溫水。過碳酸鈉不溶於冷水，但水溫過高時，氫氧離子可能會蒸發。用冷水洗衣服時，請事先溶解洗衣粉，再與洗滌物一起放入。

〰〰〰〰〰〰〰〰〰〰〰

注意事項

☑ 洗滌前請先確認衣物上的標示，
是否可以使用氧系漂白劑。
可使用：可水洗的衣物、可煮的
衣物、棉、麻、合成纖維
不可使用：不可水洗的衣服（毛
纖維、絲、皮革）、用金屬染料
印染的衣服、中性洗衣劑專用衣
服、褪色的衣服

☑ 請勿與漂白水等氯系漂白劑一起
使用。

☑ 由於洗衣劑會產生活性氧，可能
會導致容器膨脹，所以請勿將蓋
子蓋太緊。

液態環保洗衣劑

Laundry
Detergent
Liquid

市售洗衣精主要使用石油系的合成界面活性劑，不僅無法被水分解，毒性強，還會污染水質，威脅生態環境。另一方面，從植物中萃取的植物性界面活性劑大多能被微生物分解，所以既環保又能減少皮膚的刺激。

除此之外，還可以排除化學防腐劑、螢光劑、氯漂白劑、矽、磷酸鹽等可能會刺激皮膚的化學成分，製造出溫和、不污染環境的洗衣劑。

椰油醯甘氨酸鉀是萃取自椰子的植物性界面活性劑，生物降解性高達百分之九十八，具有良好的清潔力。在洗衣劑中加入植物性界面活性劑，就能發揮更強的效果，一起試著製作出簡易的液態洗衣劑看看。

Laundry
Detergent Liquid

衣物柔軟劑

Fabric
Softner

衣物柔軟劑能讓衣服在洗過之後變得
柔軟，同時可以防止靜電，但是有很
多案例指出，以人工的方式在衣服纖
維上塗覆合成物質以及過度使用香料
會引發過敏。

我建議添加能中和鹼性清潔劑的檸檬
酸、具有除臭效果的EM菌來製造出
溫和且不污染環境的衣物柔軟劑。
「EM」的意思是「有效微生物群」
（Effective Microorganisms），由大
自然中的酵母、乳酸菌、光合菌等有
效微生物培養而成，有殺菌、除臭、
清潔等多種用途。

洗碗皂
Dish Soap

若洗碗時都使用洗碗精，一年下來會喝進超過三杯燒酒杯分量的洗碗精。市場上的洗碗精往往都含有合成的界面活性劑，如果持續接觸殘留的洗碗精，有極大可能會對人體造成危害。

相較之下，製造成手工皂形態的洗碗皂殘留量會比液體清潔劑更少，再加上成分只有椰子油、小蘇打粉、去除油脂的澱粉等，可以安心使用。

洗碗皂不僅清潔效果卓越，在皂化過程中自然生成的甘油也能保護手部，讓手不粗糙。洗碗皂成分溫和，不僅可清洗一般的餐具，還可清洗幼兒餐具、水果及蔬菜等。

製作洗碗皂時添加的玉米澱粉或小蘇打粉能有效去除油污，添加的肉桂粉能增強抗菌能力。沖泡過的咖啡渣曬乾後也可加入，有助於去除油污，發揮天然研磨劑的功效。

Dish★ Soap 洗碗皂

。分量：1kg。建議使用期限：3 個月

Ingredients

分類	材料（以1kg為單位）
椰子油	700g
蓖麻油	50g
氫氧化鈉	134g
蒸餾水	262g（35%）
碳酸氫鈉（小蘇打粉）	30g
玉米澱粉	10g
精油（檸檬）	10g

Recipe note

○ 請按照配方指示，勿減少氫氧化鈉的量，或添加更多油分。必須徹底皂化，不殘留油分，才能提高洗碗時的清潔力。

○ 玉米澱粉能吸附油污，小蘇打有利於清潔，兩者能去除容器的油脂和髒污。

○ 添加小顆粒肉桂粉能發揮殺菌效果。

○ 沖泡咖啡後剩餘的咖啡渣，可以在徹底曬乾後加入。以 1kg 來說，可添加 5 ～ 10g 左右。咖啡渣有助於吸附油漬，適合清洗油膩的碗盤。但是，粉末可能會殘留，所以請仔細沖洗。

○ 雖然可以省略香味，但如果要添加，推薦殺菌力強的檸檬精油。

○ 製作洗碗皂推薦使用的精油：檸檬、萊姆、甜橙、葡萄柚

| **Equipment** | 0.1電子秤、電熱板、燒杯、湯匙、溫度計、刮刀、手持攪拌棒、耐熱容器、手工皂模具 |

Process

1. 將氫氧化鈉溶解在蒸餾水中，製成氫氧化鈉水溶液。
   Tip 參考 P.169 的說明，安全地操作。

2. 將椰子油裝入燒杯中，放在電熱板上，熔解後再加入蓖麻油並攪拌。

3. 將小蘇打粉和玉米澱粉加入步驟 2 後攪拌。

4. 若要加入肉桂粉或咖啡渣，請加在步驟 3 的油當中。

5. 當氫氧化鈉水溶液和油冷卻到 35 ～ 40 度後，再將氫氧化鈉水溶液倒入油中。

6. 輪流使用手持攪拌棒與刮刀，直到出現如稀煉乳的 Trace。
   Tip 使用氫氧化鈉水溶液或攪拌手工皂液時，小心不要被濺到。

7. 如果出現 Trace，就加入香味。

8. 倒入模具後，等待半天的時間凝固。
   Tip 由於此配方添加許多飽和脂肪酸，因此皂化速度快，溫度上升快，建議不要使用大模具，而是倒在小模具裡。

9. 脫模取出後，在通風陰涼處乾燥一週左右。
   Tip 雖然可以立即使用，但如果經過風乾，就能製造出更堅硬的手工皂。

How to use

○ 以溫水浸濕菜瓜布後搓揉洗碗皂，搓出適量的泡沫後即可洗碗。

○ 洗碗後可能會因自來水的礦物質而留下水漬。這是因為手工皂與自來水中的離子反應而出現的現象，雖然無害，但若希望盡量不留下水漬，請在洗完後立即用乾布擦乾，也可以最後再用添加檸檬酸或白醋的水沖洗一次。

固體牙膏

Solid Toothpaste

我們每天使用的牙膏大部分都裝在軟膠管內，這種管子通常是由鋁及多種塑膠混合而成，因此難以回收利用。固體牙膏不僅不需要塑膠包裝，也非常小巧，方便隨身攜帶。

市售牙膏會在均質化過程中添加防腐劑或合成的界面活性劑，長期使用或接觸高劑量都會產生各種不良反應。固體牙膏可減少不必要的成分，而且是植物成分製造的，所以大人小孩都可以放心使用，刷牙後也不會澀澀的，會有乾淨的感覺。

Solid Toothpaste 固體牙膏

Ingredients

。分量：20g。建議使用期限：1 個月

分類	材料	容量	替代材料
粉末	牙科二氧化矽研磨劑	7g	
	碳酸氫鈉（小蘇打粉）	1g	皂土 （bentonite clay）
	木糖醇	1g	
	竹鹽	1g	
	黃原膠	0.2g	可省略
液體	蘋果胺基酸起泡劑	1g	
	甘油	2g	
	初榨椰子油	6g	
	精油（薄荷或留蘭香）	1滴	

Recipe note

○ 牙科二氧化矽研磨劑：主要成分是二氧化矽，按顆粒大小分為研磨劑和增稠劑。研磨劑類型是透過低刺激和低磨損盡可能減少對牙齒的損壞，進而達到預防蛀牙的效果。

○ 碳酸氫鈉：具有牙齒美白、清潔和研磨的功效。

○ 木糖醇：能預防蛀牙的天然甜味劑，透過吸收周圍熱能的吸熱性，帶來清涼感。

○ 竹鹽：緩解口腔內細菌繁殖。

○ 黃原膠：作為增稠劑及乳化穩定劑。

○ 蘋果胺基酸起泡劑：是蘋果果汁來源的胺基酸陽離子型界面活性劑，比一般的鉀型胺基酸起泡劑更溫和，酸鹼值pH6.5～7.5的中性。

○ 椰子油：具有殺菌效果，可有效清除引發蛀牙的細菌。

○ 甘油：防止水分流失的潤濕劑。

○ 薄荷或留蘭香精油：帶來清涼感和清潔感，發揮防腐劑的功效。

○ 若在粉末中加入皂土，就能吸附重金屬等毒性，發揮讓已染色的牙齒變乾淨的美白效果。

Equipment	0.1 電子秤、燒杯、電熱板、攪拌棒或湯匙、容器、消毒用酒精	

Process

1. 將所有工具和容器事先用酒精消毒後晾乾。

2. 將粉末材料和液體材料各自秤量後裝入燒杯。

3. 將液體材料倒入裝有粉末材料的燒杯，攪拌均勻。

4. 熔解椰子油後，倒入步驟 3 的混合物中，攪拌均勻。

5. 待攪拌物結成一塊後，便可以用手撕開，製作成豆子大小的球體。
   Tip 建議將矽膠之類的除濕劑一起裝在容器裡保管。

How to use

○　咀嚼一顆固態牙膏後刷牙，再沖掉即可。

209

Cinnamon
Tincture
肉桂酒精浸泡液

環境友善抗菌用品

Eco-friendly Living Item

家裡的塵蟎會附著在家裡的衣物纖維上，不僅會引發鼻炎，還會引發氣喘、異位性皮膚炎等各種皮膚疾病。而噴霧型殺菌劑可能會吸入人體，還會直接接觸皮膚，因此更要注意成分。

本書使用驅蟲和抗菌效果卓越的肉桂製作成「肉桂酒精浸泡液」。肉桂中的桂皮醛和丁香酚具有驅除和預防塵蟎的功效，酒精浸泡液又稱「酊劑」，是利用伏特加、燒酒、乙醇等溶劑，泡出花草裡有用的脂溶性、水溶性成分，跟人參酒等藥酒的泡製方式相同，通常會泡四至八週，可以根據酒精的度數加水稀釋。

我建議家中使用肉桂棒、柑橘皮製成的抗菌噴霧，讓室內環境保持安全。

Air Freshener ★ 肉桂擴香棒

Ingredients

材料	容量
肉桂棒	10～15根
精油	10～20滴

Recipe note

各功效精油推薦

除臭：廣藿香、檸檬草、尤加利

防蟲：尤加利、檸檬草、薰衣草、茶樹

提升專注力：檸檬、迷迭香、薄荷、檸檬草

消除壓力、緩解緊張：甜橙，薰衣草，廣藿香

睡眠：薰衣草、依蘭、廣藿香、羅馬洋甘菊

Equipment

杯子或瓶子

Process

1. 將製造酒精浸泡液後篩出的肉桂棒曬乾。

2. 將肉桂棒裝在能立起的杯子或瓶子內，滴入精油，散發香味。

How to use

○ 精油可以製造出芳香療法的效果。香味消失後，可再次滴精油繼續使用。

零廢棄清潔用品DIY

CHAPTER 3

Antibacterial Spray 柑橘抗菌噴霧

用手剝橘子皮會覺得「滑滑的」；此外，柑橘類的水果皮只要稍微放在家裡，就會感受到整個空間變得清新，這是因為檸檬和柳橙這類柑橘水果的果皮都含有抗菌和抗病毒成分的精油。

通常吃完橘子、柳橙或擠完檸檬汁之後會直接丟掉果皮，其實果皮有多種用途，若製作成天然抗菌噴霧，不僅方法很簡單，也能放心地在家中使用。

Process

1. 用叉子在柑橘類水果皮上戳出幾個洞，讓香味散發出來之後，再裝在噴霧瓶內。
   Tip 家裡若有迷迭香、麝香草之類的香草，也能一併加入。

2. 將燒酒或伏特加倒入容器中，浸泡一天左右後，再取出果皮即可使用。

How to use

○ 可噴灑在需要除臭或殺菌的空間，尤其是廚房調理台或水槽，這種地方容易滋生有害的微生物，引發惡臭與食物中毒，所以需要消毒，保持衛生。像洗手台、冰箱或垃圾桶等地方都要常常噴灑並管理。

○ 可將抗菌噴霧噴在抹布或毛巾上，擦拭需要除臭或殺菌的地方。

Facial
Steam 柑橘精油蒸臉法

在芳香療法中有個蒸臉保養法，就是將有保養功效的精油加入熱水中，讓有香味的蒸汽吹向臉部。若定期讓毛孔打開，去除毛孔中的皮脂等老廢物質，就能有效防止痘痘。

檸檬、橘子、柳橙等柑橘皮中含有天然香氛，可利用這些成分蒸臉。在蒸汽消失之前，深吸蒸汽約1～3分鐘，有助於預防感冒，也有助於轉換心情。

Process

1. 用叉子在柑橘類果皮上戳數個小洞後放入盆中，再倒入熱水。
   Tip 家裡若有迷迭香、麝香草之類的香草，也能一併加入。

2. 距離水面20～30公分，閉上眼睛，臉貼近，吸著蒸汽呼吸，中間補充熱水，再蒸個1～3分鐘，最後用冷水洗臉，讓毛孔收縮。
   Tip 建議一週兩次在洗完臉後蒸臉。

各種油類皂化值
saponification value

油	氫氧化鈉 NaOH	氫氧化鉀 KOH
苦楝油	0.136	0.1904
肉豆蔻脂	0.116	0.1624
月見草	0.136	0.1904
山茶花	0.1362	0.1907
綿羊油	0.0741	0.1037
豬油	0.138	0.1932
玫瑰果油	0.1378	0.1929
粟米油	0.136	0.1904
夏威夷果油	0.139	0.1946
芒果脂	0.1371	0.192
芥末油	0.124	0.1736
棉籽油	0.1386	0.194
米糠油	0.128	0.1792
蜂蠟	0.069	0.0966
貂油	0.14	0.196
琉璃苣油	0.1357	0.19
桃核仁油	0.137	0.192
杏仁油	0.135	0.189
硬脂酸	0.148	0.2072
甜杏仁油	0.136	0.1904
乳木果油	0.128	0.1792
起酥油	0.163	0.1904
亞麻籽油	0.1357	0.19
酪梨油	0.133	0.1862
鴯油	0.1359	0.1903
玉米油	0.136	0.1904
橄欖油	0.134	0.1876
橄欖渣油	0.156	0.2184
牛脂	0.139	0.1946
核桃油	0.135	0.189
小麥胚芽油	0.131	0.1834

罌粟籽油	0.138	0.1932
芝麻油	0.133	0.1862
金盞花油	0.137	0.1917
芥花油	0.124	0.1736
椰子油	0.19	0.266
可可脂	0.137	0.1918
大豆油	0.135	0.189
石栗油	0.135	0.189
棕櫚脂	0.156	0.2184
軟質棕櫚油	0.156	0.1879
棕櫚油	0.141	0.1974
棕櫚仁油	0.156	0.2184
葡萄籽油	0.1265	0.1771
花生油	0.136	0.1904
蓖麻籽油	0.1286	0.18
葵花籽油	0.134	0.1876
榛果油	0.1356	0.1898
大麻籽油	0.1345	0.1883
南瓜籽油	0.133	0.1862
荷荷芭油	0.069	0.0966
紅花籽油	0.136	0.1904
鴕鳥油	0.139	0.1946

氫氧化鈉計算法

油量乘以相對應的皂化值就可算出。如果放入各種油類，就要算出各自的皂化值再全部加總。

油量 x 皂化值 = 氫氧化鈉量

油量	皂化值	氫氧化鈉量
椰子油 650g	0.19	123.5
大豆油 70g	0.135	9.45
蓖麻油 30g	0.1286	3.858
合計750g		136.8

台灣廣廈 國際出版集團
Taiwan Mansion International Group

國家圖書館出版品預行編目（CIP）資料

零廢棄美妝保養＆清潔用品DIY全圖解：自己做無害素材日用品,從個人保養到居家清潔,39款好用單品教你開始實踐地球永續健康生活!/利潤作. -- 新北市：蘋果屋出版社有限公司, 2023.07
面；　公分
ISBN 978-626-97272-5-4(平裝)

1.CST: 皮膚美容學 2.CST: 清潔劑

425.3　　　　　　　　　　　　　　　112006264

零廢棄美妝保養＆清潔用品DIY全圖解
自己做無害素材日用品，從個人保養到居家清潔，39款好用單品教你開始實踐地球永續健康生活！

作　　者／利潤（Lee Yoon）　　　編輯中心編輯長／張秀環
譯　　者／葛瑞絲　　　　　　　　編輯／陳宜鈴
　　　　　　　　　　　　　　　　封面設計／林珈仔‧內頁排版／菩薩蠻數位文化有限公司
　　　　　　　　　　　　　　　　製版‧印刷‧裝訂／皇甫‧秉成

行企研發中心總監／陳冠蒨　　　　線上學習中心總監／陳冠蒨
媒體公關組／陳柔彣　　　　　　　數位營運組／顏佑婷
綜合業務組／何欣穎　　　　　　　企製開發組／江季珊

發 行 人／江媛珍
法 律 顧 問／第一國際法律事務所 余淑杏律師‧北辰著作權事務所 蕭雄淋律師
出　　版／蘋果屋
發　　行／台灣廣廈有聲圖書有限公司
　　　　　地址：新北市235中和區中山路二段359巷7號2樓
　　　　　電話：（886）2-2225-5777‧傳真：（886）2-2225-8052

代理印務‧全球總經銷／知遠文化事業有限公司
　　　　　地址：新北市222深坑區北深路三段155巷25號5樓
　　　　　電話：（886）2-2664-8800‧傳真：（886）2-2664-8801
郵 政 劃 撥／劃撥帳號：18836722
　　　　　劃撥戶名：知遠文化事業有限公司（※單次購書金額未達1000元，請另付70元郵資。）

■出版日期：2023年07月
ISBN：978-626-97272-5-4

제로 웨이스트 클래스 : 플라스틱과 유해성분에 자유로운 홈메이드 뷰티 & 리빙 아이템
Copyright ©2022 by Lee yoon
All rights reserved.
Original Korean edition published by CYPRESS.
Chinese(complex) Translation rights arranged with CYPRESS.
Chinese(complex) Translation Copyright ©2023 by Apple House Publishing Company Ltd.
through M.J. Agency, in Taipei.